花譜

宋人花譜九種

商務印書館

上頁圖

花籃圖（局部）

宋　李嵩　設色絹本　縱26.1厘米　橫26.3厘米　現藏於臺北故宮博物院

李嵩（一一六六—一二四三），南宋畫家，畫院畫家李從訓養子。歷任三朝畫院待詔，擅畫人物與風俗畫。作品有《貨郎圖》《花籃圖》《西湖圖》等。

此圖以一朵碩大的山茶花為中心，一朵朵綻開的花朵繞其周圍，花色不同，花態各異。花籃雖小，卻展現了繁花似錦之美，欣欣向榮之景。粗獷的花籃與纖弱的花朵相互映襯，顏色協調，構圖飽滿。

出版弁言

中國古代美學在宋代達到頂峰，其審美趣味從唐朝的華麗繁複轉向了淡雅悠遠，這種趣味從書法、繪畫、瓷器、詩詞等文學藝術領域滲透到生活的方方面面。若論藝術和生活的相互結合，宋人對花卉的消費活動是一個值得討論的話題。從種花、賞花、賜花、獻花、贈花到簪花，花卉已經成為宋人物質生活和精神生活的一個重要內容。

學界普遍認為，宋代是中國花卉業發展的興盛時期，不僅種植範圍廣、花木品種多、培育技術高，也湧現出了大量的花卉文獻——花譜。「譜，籍錄也」，即記載事物類別或系統的书籍，花譜也就是研究花卉的系統文獻。

花譜自魏晉時期就已出現，如《魏王花木志》。宋代則以花卉專譜為主，其中歐陽修的《洛陽牡丹記》是現存的第一部牡丹花譜，「世代只今憐間色，誰修花譜續歐陽」。南宋陳景沂的《全芳備祖》更是宋代花譜類的集大成之作。從內容來看，宋代的花譜不僅僅涉及花卉的歷史沿革、發展變遷、種植技術、園藝美學，還涉及花卉的經濟價值、文化價值、審美價值，甚至詩詞歌賦、史志筆記、雜說掌故、方術辨疑等等，內容豐富龐雜，可謂蔚為大觀。

《四庫全書》中花譜附在「子部」類之下，共收录了花譜十種，其中宋人九種——《洛陽牡丹記》《揚州芍藥譜》《劉氏菊譜》《史氏菊譜》《范村梅譜》《范村菊譜》《百菊集譜》《金漳蘭譜》《海棠譜》。

今据文津阁本彙编九種成一册，冠以《花譜》之名，以歐陽修《洛陽牡丹記》為開篇，以原書順序為序，凡論牡丹、芍藥、菊、梅、蘭、海棠等花卉六種，不僅詳細介紹了花卉的栽培技術，更是將文人情懷融入其中，不論是品論花姿高下，還是述錄有關花的奇聞逸事，都體現了宋人特有的文化氣息和高雅的生活情趣。這不僅是一部植物分類專著，更是一部兼具文學价值與美学价值的佳作。

宋人的愛花，反映在藝術創作中，則體現為花鳥畫的繁盛。其中以宋徽宗趙佶為代表的「院體畫」尤為精品，在其引領之下，花鳥畫盛極一時，催生了一大批名家高手和傳世佳作。為饗讀者，今精選宋人花鳥精品二十二幅，以佐美文。所選之畫皆為名家所繪，體現了宋代花鳥畫在筆墨、構圖、設色等方面的高超技藝和審美趣味，也體現了宋人追求「天人合一」的精神特質和浪漫情懷。

提要

《洛陽牡丹記》

《洛陽牡丹記》一卷，宋歐陽修撰。修有《詩本義》等書，已別著錄。是記凡三篇：一曰花品敘，所列凡二十四種；二曰花釋名，述花名之所自來；三曰風俗記，首略敘游宴及貢花，餘皆接植栽灌之事。文格絕古雅有法。蔡襄嘗書而刻之於家，以拓本遺修。修自為跋其後，已編入《文忠全集》中。此其單行之本也。周必大作《歐集考異》，稱「當時士夫家曾有修《牡丹譜》印本，始列花品，敘及名品，與此卷前兩篇頗同。其後則曰敘事、宮禁、貴家、寺觀、府署、元白詩、譏鄙、吳蜀、詩集、記異、雜記、本朝、雙頭花、進花、丁晉公、《續花譜》，凡十六門，萬餘言。後有梅堯臣跋。其妄尤甚，蓋出假託」云云。據此，是宋時尚別有一本。故《宋史·藝文志》亦以《牡丹譜》著錄而不稱《牡丹記》。自必大考正後，其書始廢不行，可見坊刻贋本由來固已久矣。

《揚州芍藥譜》一卷，宋王觀撰。觀字達叟，如皋人。熙寧中嘗以將仕郎守大理寺丞，知揚州江都縣。在任為《揚州賦》上之，大蒙褒賞，賜緋衣銀章。事蹟見《嘉靖維揚志》中。汪士賢刻入《山居雜誌》，題為江都人者，誤也。揚州芍藥自宋初名於天下，與洛陽牡丹俱貴於時。《宋史·藝文志》載為之譜者三家，其一孔武仲，其一劉攽，其一即觀此譜。而觀譜最後出，至今獨存。孔、劉二家，則世已無傳，僅陳景沂《全芳備祖》載有其略。今與此譜相校，其所謂三十一品前人所定者，實即本之於劉譜，惟劉譜有妬裙紅一品，此譜改作妬鵞黃，又略為移易其次序，其劉譜所無者，新增八種而已。又觀後論稱或者謂唐張祜、杜牧、盧仝之徒居揚日久，無一言及芍藥，意古未有如今之盛云云，亦即孔譜序中語，觀蓋取其意而翻駁之。至孔譜謂可紀者三十有三種，具列其名，比劉譜較多二種。今《嘉靖維揚志》尚存原目，亦頗有異同焉。

《劉氏菊譜》

《劉氏菊譜》一卷，宋劉蒙撰。蒙，彭城人。不詳其仕履。其敘中載，崇寧甲申為龍門之游，訪劉元孫所居，相與訂論，為此譜。蓋徽宗時人。故王得臣《麈史》中已引其說。焦竑《國史經籍志》列於范成大之後者，誤也。其書首譜敘，次說疑，次定品，次列菊名三十五條，各敘其種類形色而評次之，以龍腦為第一，而以雜記三篇終焉。書中所論諸菊名品，各詳所出之地，自汴梁以及西京、陳州、鄧州、雍州、相州、滑州、鄜州、陽翟諸處，大抵皆中州物產，而萃聚於洛陽園圃中者，與後來史正志、范成大之專志吳中蒔植者不同。然如金鈴、金錢、酴醾諸名，史、范二志亦俱載焉，意者本出自河北，而傳其種於江左者歟？

《史氏菊譜》

《史氏菊譜》一卷，宋史正志撰。正志字志道，江都人。紹興二十一年進士。累除司農丞。孝宗朝歷守廬陽、建康，官至吏部侍郎。歸老姑蘇，自號吳門老圃。所著有《清暉閣詩》《建康志》《菊圃集》諸書，今俱失傳。此本載入左圭《百川學海》中，《宋史·藝文志》亦著於錄。所列凡二十七種。前有自序，稱「自昔好事者，為牡丹、芍藥、海棠、竹筍作譜記者多矣，獨菊花未有為之譜者，余姑以所見為之」云云。然劉蒙《菊譜》先已在前，正志殆未之見而為是言耳。末有後序一首，辨王安石、歐陽修所爭《楚詞》落英事，謂菊有落有不落者，譏二人於草木之名未能盡識。其說甚詳，乃向來所未發。世俗所傳蘇軾以嗤點安石詩誤謫黃州，其地菊皆落瓣，軾始愧服。其言甚怪誕不根，明人作說部者或多信之，得此亦可以證其妄也。

《范村梅譜》

《范村梅譜》，宋范成大撰。成大有《桂海虞衡志》諸書，已別著錄。此乃記所居范村之梅，凡十二種。前後皆有自序。梅之為物，其名雖見於《尚書》《禮經》，然皆取其實而不以花著。自唐人題詠競作，始以香色重於時。成大刱為此編，稍辨次其品目。然如綠蕚梅一種，今在吳下以為常植，而成大乃矜為人間不多見之物，則土宜之異，或者隨時遷改歟？又，楊无咎畫梅有名，後世皆珍為絕作，而成大後序乃謂其畫大略皆如吳下之氣條，雖筆法奇峭，去梅實遠。與宋孝宗詆無咎為村梅者，所論相近。蓋其時猶未甚重无咎之畫。至嘉熙、淳祐間，趙希鵠作《洞天清錄》，始稱江西人得无咎一幅梅，價不下百千匹，是亦可以覘世變也。《通考》以此書與所作《菊譜》合為一，題曰《范村梅菊譜》二卷，然觀其自序，實別為書。今故仍各加標目焉。

《范村菊譜》，宋范成大撰。記所居范村之菊。成於淳熙丙午歲，蓋其以資政殿學士領宮祠家居時所作。自序稱所得三十六種，而此本所載凡黃者十六種，白者十五種，雜色四種，實止三十五種，尚闕其一，疑傳寫所脱佚也。菊之種類至繁，其彩色幻化不一，場師老圃因隨時各為之題品，名目遂日出而不窮。以此譜與史正志譜相核，其異同已十之五六。而成大但記家園所植，採擷亦未盡賅。然敘次頗有理致，視他家為尤工。至種植之法，黃省曾謂花之朵視種之大小而存之，大者四五蕊，次者七八蕊，又次者十餘蕊。今吳下藝菊者，猶用此法。其力既厚，故花皆碩大豐縟。成大乃謂一幹所出數千百朵，婆娑團植，幾於俗所謂千頭菊者。此則今古好尚之不同矣。

《百菊集譜》六卷，《菊史補遺》一卷，宋史鑄撰。鑄字顏甫，號愚齋，山陰人，即嘉定丁丑注王十朋《會稽三賦》者也。是書於淳祐壬寅成五卷。越四年丙午，續得赤城胡融譜，乃移原書第五卷為第六卷，而摭融譜為第五卷。又四年庚戌，更為《補遺》一卷。觀其自題，作《補遺》之時，已改名為《菊史》矣。而此仍題《百菊集譜》，豈當時刊版已成，不能更易耶？首列諸菊名品一百三十一種，附注者三十二種，又一花五名、一花四名者二種，冠於簡端，不入卷帙。第一卷為周師厚、劉蒙、史正志、范成大四家所譜，第二卷為沈競譜及鑄所撰新譜，三卷為種藝故事、雜說、方術辨疑及古今詩話，四卷為文章、詩賦，五卷即所增胡融譜及栽植事實，附以張栻賦及杜甫詩話一條，六卷為絕句及集句詩。《補遺》一卷則雜採所續得詩文類也。書不成於一時，故編次頗無體例，然其搜羅可謂博矣。

《金漳蘭譜》

《金漳蘭譜》三卷，宋趙時庚撰。時庚為宗室子，不知其官爵。以輩行推之，蓋魏王廷美之第九世孫也。是書亦載於《說郛》中，而佚其下卷。此本三卷皆備，獨為完善。其敘述蘭事，首尾亦頗詳贍，大抵與王貴學《蘭譜》相為出入。若大張青、蒲統領之類，此書但列其名及華葉根莖而已。《王氏蘭譜》則詳其得名之由，曰大張青者，張其姓，讀書巖穀得之；蒲統領者，乃淳熙間蒲統領引兵逐寇至一所得之。蓋記載互有詳略，彼此相參，均可以資考證焉。首有紹定癸巳時庚自序，又嘗有嬾真子跋語，亦稱本三卷云。

《海棠譜》三卷，宋陳思撰。思有《寶刻叢編》，已著錄。此書不見於《宋史·藝文志》，惟焦竑《國史經籍志》載有三卷，與此本合。前有開慶元年思自序，文頗淺陋。蓋思本書賈，終與文士異也。上卷皆錄海棠故實，中、下二卷則錄唐宋諸家題詠。而栽種之法、品類之別，僅於上卷中散見四五條。蓋數典之書，惟以隸事為主者。然搜羅不甚賅廣。今以《錦繡萬花谷》《全芳備祖》諸書所類海棠事相較，其故實似稍加詳，而題詠則多闕略。如唐之劉禹錫、賈島，宋之王珪、楊繪、朱子、張孝祥、王十朋諸家，為陳景沂所收者，此書並未錄及。然如張洎、程琳、宋祁、李定之類，亦有此書所有而陳氏脫漏者。蓋當時坊本各就所見裒集成書，故互有詳略。以宋人舊帙，姑並存之，以資參核云爾。

目錄

一·洛陽牡丹記

宋·歐陽修

欽定四庫全書

子部九

提要

譜録類草木禽魚之屬

洛陽牡丹記

臣等謹案洛陽牡丹記一卷宋歐陽修撰修有詩本義等書已别著録是記凡三篇一曰花品叙所列凡二十四種二曰花釋名述花名之所自來三曰風俗記首畧叙遊宴及貢花餘皆接植栽灌之事文格絶古雅有法蔡

襄嘗書而刻之於家以拓本遺修修自為跋其後已編入文忠全集中此其單行之本也周必大作歐集考異稱當時士夫家曾有修牡丹譜印本始列花品叙及名品與此卷前兩篇頗同其後則曰叙事宮禁貴家寺觀府署元白詩譏鄙吳蜀詩集記異雜記本朝雙頭花進花丁晉公續花譜凡十六門萬餘言後有梅堯臣跋其妄尤甚蓋出假託云云據

此是宋時尚別有一本故宋史藝文志亦以牡丹譜著録而不稱牡丹記自必大考正後其書始廢不行可見坊刻贋本由來固已久矣

揚州芍藥譜

臣等謹案揚州芍藥譜一卷宋王觀撰觀字達叟如臯人熙寧中嘗以將仕郎守大理寺丞知揚州江都縣在任為揚州賦上之大嘗

褒賞賜緋衣銀章事蹟見嘉靖維揚志中汪士賢刻入山居雜志題爲江都人者誤也揚州芍藥自宋初名於天下與洛陽牡丹俱貴於時宋史藝文志載爲之譜者三家其一孔武仲其一劉攽其一即觀此譜而觀譜最後出至今獨存孔劉二家則世已無傳僅陳景沂全芳備祖載有其畧今與此譜相校其所謂三十一品前人所定者實即本之於劉譜

惟劉譜有姤裙紅一品此譜改作姤鶩黃又畧為移易其次序其劉譜所無者新增八種而已又觀後論所稱或者謂唐張祜杜牧盧仝之徒居揚日久無一言及芍藥意古未有如今之盛云云亦即孔譜序中語觀蓋取其意而翻駁之至孔譜謂可紀者三十有三種具列其名比劉譜較多二種今嘉靖維揚志尚存原目亦頗有所異同焉乾隆四十九年

四月恭校上

總纂官臣紀昀臣陸錫熊臣孫士毅

總校官臣陸費墀

洛陽牡丹記

宋　歐陽修　撰

花品叙第一

牡丹出丹州延州東出青州南亦出越州而出洛陽者今為天下第一洛陽所謂丹州花延州紅青州紅者皆彼土之尤傑者然來洛陽纔得備衆花之一種列第不出三已下不能獨立與洛花敵而越之花以遠罕識不

見齒然雖越人亦不敢自譽以與洛陽爭高下是洛陽者是天下之第一也洛陽亦有黄芍藥緋桃瑞蓮千葉李紅郁李之類皆不減他出者而洛陽人不甚惜謂之果子花曰某花云云至牡丹則不名直曰花其意謂天下真花獨牡丹其名之著不假曰牡丹而可知也其愛重之如此說者多言洛陽於三河間古善地昔周公以尺寸考日出没測知寒暑風雨乖與順於此此蓋天地之中草木之華得中氣之和者多故獨與他方異予甚

以為不然夫洛陽於周所有之土四方入貢道里均乃九州之中在天地崑崙旁礴之間未必中也又况天地之和氣宜遍四方上下不宜限其中以自私夫中與和者有常之氣其推於物也亦宜為有常之形物之常者不甚美亦不甚惡及元氣之病也美惡隔并而不相和入故物有極美與極惡者皆得於氣之偏也花之鍾其美與夫癭木擁腫之鍾其惡醜好雖異而得一氣之偏病則均洛陽城圍數十里而諸縣之花莫及城中者出

其境則不可植焉豈又偏氣之美者獨聚此數十里之地乎此又天地之大不可考也已凡物不常有而為害乎人者曰災不常有而徒可恠駭不為害者曰妖語曰天反時為災地反物為妖此亦草木之妖而萬物之一恠也然比夫癭木擁腫者竊獨鍾其美而見幸於人焉

余在洛陽四見春天聖九年三月始至洛其至也晚見其晚者明年會與友人梅聖俞游嵩山少室緱氏嶺石唐山紫雲洞既還不及見又明年有悼亡之戚不暇見

又明年以留守推官歲滿解去只見其蚤者是未甞見其極盛時然目之所矚已不勝其麗焉余居府中時甞謁錢思公於雙桂樓下見一小屏立坐後細書字滿其上思公指之曰欲作花品此是牡丹名凡九十餘種余時不暇讀之然余所經見而今人多稱者纔三十許種不知思公何從而得之多也計其餘雖有名而不著未必佳也故今所録但取其特著者而次第之

姚黄　魏花　細葉壽安

鞓紅亦曰青州紅　牛家黄　潜溪緋

左花　獻來紅　葉底紫

鶴翎紅　添色紅　倒暈檀心

朱砂紅　九蘂真珠　延州紅

多葉紫　麄葉壽安　丹州紅

蓮花萼　一百五　鹿胎花

甘草黄　一擫紅　玉板白

花釋名第二

牡丹之名或以氏或以州或以地或以色或旌其所異者而志之姚黄左花魏花以姓著青州丹州延州紅以州著細葉麤葉壽安潛溪緋以地著一擫紅鶴翎紅朱砂紅玉版白多葉紫甘草黄以色著獻來紅添色紅九蘂真珠鹿胎花倒暈檀心蓮花萼一百五葉底紫皆志其異者

姚黄者千葉黄花出於民姚氏家此花之出於今未十年姚氏居白司馬坡其地屬河陽然花不傳河陽傳洛

陽洛陽亦不甚多一歲不過數朶

牛黄亦千葉出於民牛氏家比姚黄差小真宗祀汾陰還過洛陽留宴淑景亭牛氏獻此花名遂著

甘草黄單葉色如甘草洛人善別花見其樹知爲某花云獨姚黄易識其葉嚼之不腥

魏家花者千葉肉紅花出於魏相仁溥家始樵者於壽安山中見之斲以賣魏氏魏氏池館甚大傳者云此花

初出時人有欲閱者人稅十數錢乃得登舟渡池至花所魏氏日收十數緡其後破亡鬻其園今普明寺後林池乃其地寺僧耕之以植桑麥花傳民家甚多人有數其葉者云至七百葉錢思公嘗曰人謂牡丹花王今姚黃真可為王而魏花乃后也

鞓紅者單葉深紅花出青州亦曰青州紅故張僕射齊賢有第西京賢相坊自青州以馲駞馱其種遂傳洛中其色類腰帶鞓謂之鞓紅

獻來紅者大多葉淺紅花張僕射罷相居洛陽人有獻

此花者因曰獻來紅

添色紅者多葉花始開而白經日漸紅至其落乃類深

紅此造化之尤巧者

鶴翎紅者多葉花其末白而本肉紅如鴻鵠羽色

細葉麤葉壽安者皆千葉肉紅花出壽安縣錦屏山中

細葉者尤佳

倒暈檀心者多葉紅花凡花近蕚色深至其末漸淺此

花自外深色近萼反淺白而深檀點其心此尤可愛

一擫紅者多葉淺紅花葉杪深紅一點如人以三指擫之

九蘂真珠紅者千葉紅花葉上有一白點如珠而葉密蹙其蘂為九叢

一百五者多葉白花洛花以穀雨為開候而此花常至一百五日開最先

丹州延州花者皆千葉紅花不知其至洛之因

蓮花萼者多葉紅花青趺三重如蓮花萼

左花者千葉紫花葉密而齊如截亦謂之平頭紫

朱砂紅者多葉紅花不知其所出有民門氏子者善接花以為生買地於崇德寺前治花圃有此花洛陽豪家尚未有故其名未甚著花葉甚鮮向日視之如猩血

葉底紫者千葉紫花其色如墨亦謂之墨紫花在叢中旁必生一大枝引葉覆其上其開也比他花可延十日之久噫造物者亦惜之耶此花之出比他花最遠傳云

唐末有中官為觀軍容使者花出其家亦謂之軍容紫歲久失其姓氏矣

玉板白者單葉白花葉細長如拍板其色如玉而深檀心洛陽人家亦少有余嘗從思公至福嚴院見之問寺僧而得其名其後未嘗見也

潛溪緋者千葉緋花出於潛溪寺寺在龍門山後本唐相李藩别墅今寺中已無此花而人家或有之本是紫花忽於藂中特出緋者不過一二朶明年移在他枝洛

人謂之轉（音篆）枝花故其接頭尤難得

鹿胎花者多葉紫花有白點如鹿胎之紋故蘇相（禹珪）宅今有之

多葉紫不知其所出初姚黃未出時牛黃為第一牛黃未出時魏花為第一魏花未出時左花為第一左花之前唯有蘇家紅賀家紅林家紅之類皆單葉花當時為第一自多葉千葉花出後此花黜矣今人不復種也牡丹初不載文字唯以藥載本草然於花中不為高第大

抵丹延已西及褒斜道中尤多與荆棘無異土人皆取以為薪自唐則天已後洛陽牡丹始盛然未聞有以名著者如沈宋元白之流皆善詠花草計有若今之異者彼必形於篇詠而寂無傳焉唯劉夢得有詠魚朝恩宅牡丹詩但云一藂千萬朶而已亦不云美且異也謝靈運言永嘉竹間水際多牡丹今越花不及洛陽甚遠是洛花自古未有若今之盛也

風俗記第三

洛陽之俗大抵好花春時城中無貴賤皆插花雖負擔者亦然花開時士庶競為遊遨往往於古寺廢宅有池臺處為市井張幄帟笙歌之聲相聞最盛於月陂堤張家園棠棣坊長壽寺東街與郭令宅至花落乃罷洛陽至東京六驛舊不進花自今徐州李相迪為留守時始進御歲遣牙校一員乘驛馬一日一夕至京師所進不過姚黄魏花三數朶以菜葉實竹籠子藉覆之使馬上不動揺以蠟封花蔕乃數日不落大抵洛人家家有

花而少大樹者蓋其不接則不佳春初時洛人於壽安山中斫小栽子賣城中謂之山篦子人家治地為畦塍種之至秋乃接接花工尤著者一人謂之門園子豪家無不邀之姚黃一接頭直錢五千秋時立券買之至春花乃歸其直洛人甚惜此花不欲傳有權貴求其接頭者或以湯中蘸殺與之魏花初出時接頭亦直錢五千今尚直一千接時須用社後重陽前過此不堪矣花之木去地五七寸許截之乃接以泥封裹用軟土擁之以

蒻葉作庵子罩之不令見風日唯南向留一小户以達氣至春乃去其覆此接花之法也用瓦亦奇種花必擇善地盡去舊土以細土用白斂末一斤和之蓋牡丹根甜多引蟲食白斂能殺蟲此種花之法也澆花亦自有時或用日未出或日西時九月旬日一澆十月十一月三日二日一澆正月隔日一澆二月一日一澆此澆花之法也一本發數朶者擇其小者去之只留一二朶謂之打剥懼分其脉也花纔落便翦其枝勿令結子懼其易老

也春初既去翦庵便以棘數枝置花叢上棘氣暖可以辟霜不損花芽他大樹亦然此養花之法也花開漸小於舊者蓋有蠹蟲損之必尋其穴以硫黄簪之其旁又有小穴如鍼孔乃蟲所藏處花工謂之氣孔以大鍼點硫黄末鍼之蟲乃死花復盛此醫花之法也烏賊魚骨用以鍼花樹入其膚花輙死此花之忌也

洛陽牡丹記

二・揚州芍藥譜

宋・王觀

揚州芍藥譜

宋 王觀 撰

天地之功至大而神非人力之所能竊勝惟聖人為能體法其神以成天下之化其功蓋出其下而曽不少加以力不然天地固亦有間而可窮其用矣余嘗論天下之物悉受天地之氣以生其小大短長辛酸甘苦與夫顔色之異計非人力之可容致巧於其間也今洛陽之

牡丹維揚之芍藥受天地之氣以生而小大淺深一隨人力之工拙而移其天地所生之性故奇容異色間出於人間以人而盜天地之功而成之良可怍也然而天地之間事之紛紜出於其前不得而曉者此其一也洛陽土風之詳已見於今歐陽公之記而此不復論維揚大抵土壤肥膩於草木為宜禹貢曰厥草惟夭是也居人以治花相尚方九月十月時悉出其根滌以甘泉然後剥削老硬病腐之處揉調沙糞以培之易其故土凡

花大約三年或二年一分不分則舊根老硬而侵蝕新芽故花不成就分之數則小而不舒不分與分之太數皆花之病也花之顏色之深淺與葉蘂之繁盛皆出於培壅剝削之力花既萎落亟剪去其子屈盤枝條使不離散故脉理不上行而皆歸於根明年新花繁而色潤雜花根窠多不能致遠惟芍藥及時取根盡取本土貯以竹席之器雖數千里之遠一人可負數百本而不勞至於他州則壅以沙糞雖不及維揚之盛而顏色亦非

他州所有者比也亦有踰年即變而不成者此亦係夫土地之宜不宜而人力之至不至也花品舊傳龍興寺山子羅漢觀音彌陁之四院冠於此州其後民間稍稍厚賂以匄其本壅培治事遂過於龍興之四院今則有朱氏之園最為冠絶南北二圃所種幾於五六萬株意其自古種花之盛未之有也朱氏當其花之盛開飾亭宇以待來游者逾月不絶而朱氏未甞厭也揚之人與西洛不異無貴賤皆喜戴花故開明橋之間方春之月

拂旦有花市焉州宅舊有芍藥廳在都廳之後聚一州絕品於其中不下龍興朱氏之盛往歲州將召移新守未至監護不密悉為人盜去易以凡品自是芍藥廳徒有其名爾今芍藥有三十四品舊譜只取三十一種如緋單葉白單葉紅單葉不入名品之内其花皆六出維揚之人甚賤之余自熙寧八年季冬守官江都所見與夫所聞莫不詳熟又得八品焉非平日三十一品之比皆世之所難得今悉列于左舊譜三十一品分上中下

七等此前人所定今更不易

上之上

冠羣芳

大旋心冠子也深紅堆葉頂分四五旋其英密簇廣可及半尺高可及六寸艶色絶妙可冠羣芳因以名之枝條硬葉踈大

賽羣芳

小旋心冠子也漸添紅而緊小枝條及緑葉並與大旋

心一同凡品中言大葉小葉堆葉者皆花葉也言緑葉者謂枝葉也

寶粧成

鬐子也色微紫於上十二大葉中密生曲葉回環裹抱團圓其高八九寸廣半尺餘每一小葉上絡以金線綴以玉珠香欺蘭麝奇不可紀枝條硬而葉平

盡天工

柳浦青心紅冠子也於大葉中小葉密直妖媚出衆儻

非造化無能為也枝硬而緑葉青薄

曉粧新

白纈子也如小旋心狀頂上四向葉端點小殷紅色每一朶上或三點或四點或五點象衣中之點纈也緑葉甚柔而厚條硬而絶低

點粧紅

紅纈子也色紅而小並與白纈子同緑葉微似瘦長

上之下

疊香英

紫樓子也廣五寸高盈尺於大葉中細葉二三十重上又聳大葉如樓閣狀枝條硬而高緑葉踈大而尖柔

積嬌紅

紅樓子也色淡紅與紫樓子不相異

中之上

醉西施

大軟條冠子也色淡紅惟大葉有類大旋心狀枝條軟

細漸以物扶助之緑葉色深厚踈而長以柔

道粧成

黄樓子也大葉中深黄小葉數重又上展淡黄大葉枝條硬而絶黄緑葉踈長而柔與紅紫者異此品非今日之黄樓子也乃黄絲頭中盛則或出四五大葉小類黄樓子盖本非黄樓子也

掬香瓊

青心玉板冠子也本自茅山來白英團掬堅密平頭枝

條硬而緑葉短且光

素粧殘

退紅茅山冠子也初開粉紅即漸退白青心而素淡稍若大軟條冠子緑葉短厚而硬

試梅裝

白冠子也白纈中無點纈者是也

淺粧匀

粉紅冠子也是紅纈中無點纈者也

中之下

醉嬌紅

深紅楚州冠子也亦若小旋心狀中心緊堆大葉葉下亦有一重金線枝條高緑葉踈而柔

擬香英

紫寶相冠子也紫樓子心中細葉上不堆大葉者

妬嬌紅

紅寶相冠子也紅樓子心中細葉上不堆大葉者

縷金囊

金線冠子也稍似細條深紅者於大葉中細葉下抽金線細細相雜條葉並同深紅冠子者下之上

怨春紅

硬條冠子也色絶淡甚類金線冠子而堆葉條硬而緑葉踈平稍若柔

妒鵞黄

黃絲頭也於大葉中一簇細葉雜以金線條高緑葉疎柔

蘸金香

蘸金蘂紫單葉也是髻子開不成者於大葉中生小葉小葉尖蘸一線金色是也

試濃粧

緋多葉也緋葉五七重皆平頭條赤而緑葉硬皆紫色下之中

宿粧殿

紫高多葉也條葉花並類緋多葉而枝葉絶高平頭凡檻中雖多無先後開並齊整也

取次粧

淡紅多葉也色絶淡條葉正類緋多葉亦平頭也

聚香絲

紫絲頭也大葉中一葉紫絲細細是也枝條高緑葉踈而柔

簇紅絲

紅絲頭也大葉中一簇紅絲細細是也枝葉並同紫者下之下

效殷粧

小矮多葉也與紫高多葉一同而枝條低隨燥濕而出有三頭者雙頭者鞍子者銀絲者俱同根而土地肥瘠之異者也

會三英

三頭聚一萼而開

合懽芳

雙頭並帶而開一朶相背也

擬繡韉

鞍子也兩邊垂下如所乘鞍狀地絶肥而生

銀含稜

銀緣也葉端一稜白色

新收八品

御衣黄

黄色淺而葉踈蘂差深散出於葉間其葉端色又微碧高廣類黄樓子也此種宜升絶品

黄樓子

盛者五七層間以金線其香尤甚

袁黄冠子

宛如髻子間以金線色比鮑黄

峽石黄冠子

如金線冠子其色深如鮑黄

鮑黄冠子

大抵與大旋心同而葉差不旋色類鵝黄

楊花冠子

多葉白心色黄漸拂淺紅至葉端則色深紅間以金線

湖纈

紅色深淺相雜類湖纈

黿池紅

開須並蕚或三頭者大抵花類軟條也

後論

維揚東南一都會也自古號爲繁盛自唐末亂離羣雄據有數經戰焚故遺基廢迹往往蕪沒而不可見今天下一統井邑田野雖不及古之繁盛而人皆安生樂業不知有兵革之患民間及春之月惟以治花木飾亭榭以往來遊樂爲事其幸矣哉揚之芍藥甲天下其盛不知起於何代觀其今日之盛古想亦不減於此矣或者

以謂自有唐若張祜杜牧盧仝崔涯章孝標李嶸王播皆一時名士而工於詩者也或觀於此或遊於此不為不久而略無一言一句以及芍藥意其古未有之始盛於今未為通論也海棠之盛莫甚於西蜀而杜子美詩名又重於張祜諸公在蜀日久其詩僅數千篇而未嘗一言及海棠之盛張祜輩詩之不及芍藥不足疑也芍藥三十一品乃前人之所次余不敢輙易後八品乃得於民間而冣佳者然花之名品時或變易又安知止此

八品而已哉後將有出茲八品之外者余不得而知當

俟來者以補之也

揚州芍藥譜

三·劉氏菊譜

宋·劉蒙

欽定四庫全書　　子部九

提要　　譜録類草木禽魚之屬

劉氏菊譜

臣等謹案劉氏菊譜一卷宋劉蒙撰蒙彭城人不詳其仕履其叙中載崇寧甲申為龍門之游訪劉元孫所居相與訂論為此譜葢徽宗時人故王得臣麈史中已引其說焦竑國史經籍志列於范成大之後者誤也其書首

譜叙次説疑次定品次列菊名三十五條各叙其種類形色而評次之以龍腦為第一而以雜記三篇終焉書中所論諸菊名品各詳所出之地自汴梁以及西京陳州鄧州雍州相州滑州鄜州陽翟諸處大抵皆中州物産而萃聚於洛陽園圃中者與後來史正志范成大之專志吳中蒔植者不同然如金鈴金錢酴醾諸名史范二志亦具載焉意者本出

自河北而傳其種於江左者歟

史氏菊譜

臣等謹案史氏菊譜一卷宋史正志撰正志字志道江都人紹興二十一年進士累除司農丞孝宗朝歷守廬陽建康官至吏部侍郎歸老姑蘇自號吳門老圃所著有清暉閣詩建康志菊圃集諸書今俱失傳此本載入左圭百川學海中宋史藝文志亦著于録所列

凡二十七種前有自序稱自昔好事者為牡丹芍藥海棠竹筍作譜記者多矣獨菊花未有為之譜者余姑以所見為之云云然劉蒙菊譜已在前正志殆未之見而為是言耳末有後序一首辨王安石歐陽修所爭楚詞落英事謂菊有落有不落者識二人於草木之名未能盡識其說甚詳乃向來所未發世俗所傳蘇軾以嗤黠安石詩誤謫黄州其地菊

皆落瓣軾始娩服其言甚怪誕不根明人作說部者或多信之得此亦可以證其妄也

范村梅譜

臣等謹案范村梅譜宋范成大撰成大有桂海虞衡志諸書已別著録此乃記所居范村之梅凡十二種前後皆有自序梅之為物其名雖見於尚書禮經然皆取其實而不以花著自唐人題咏競作始以香色重於時成大

栁為此編稍辨次其品目然如綠蕚梅一種今在吳下以為常植而成大乃矜為人間不多見之物則土宜之異或者隨時遷改歟又楊无咎畫梅有名後世皆珍為絕作而成大後序乃謂其畫大畧皆如吳下之氣條雖筆法奇峭去梅實遠與宋孝宗詆无咎為村梅者所論相近蓋其時猶未甚重无咎之畫至嘉熙淳祐間趙希鵠作洞天清録始稱江西

人得旡咎一幅梅價不下百千疋是亦可以覘世變也通考以此書與所作菊譜合為一題曰范村梅菊譜二卷然觀其自序實别為書今故仍各加標目焉

范村菊譜

臣等謹案范村菊譜宋范成大撰記所居范村之菊成於淳熙丙午歲葢其以資政殿學士領宫祠家居時所作自序稱所得三十六

種而此本所載凡黄者十六種白者十五種雜色四種實止三十五種尚闕其一疑傳寫所脫佚也菊之種類至繁其彩色變幻不一塲師老圃因隨時各為之題品名目遂日出而不窮以此譜與史正志譜相核其異同已十之五六而成大但記家園所植採擷亦未盡賅備然敘次頗有理致視他家為尤工至種植之法黄省曾謂花之朶視種之大小而

存之大者四五蘂次者七八蘂又次者十餘蘂今吳下藝菊者猶用此法其力既厚故花皆碩大豐縟成大乃謂一榦所出數千百朶婆娑團植幾於俗所謂千頭菊者此則今古好尚之不同矣乾隆四十九年八月恭校上

總纂官臣紀昀臣陸錫熊臣孫士毅

總校官臣陸費墀

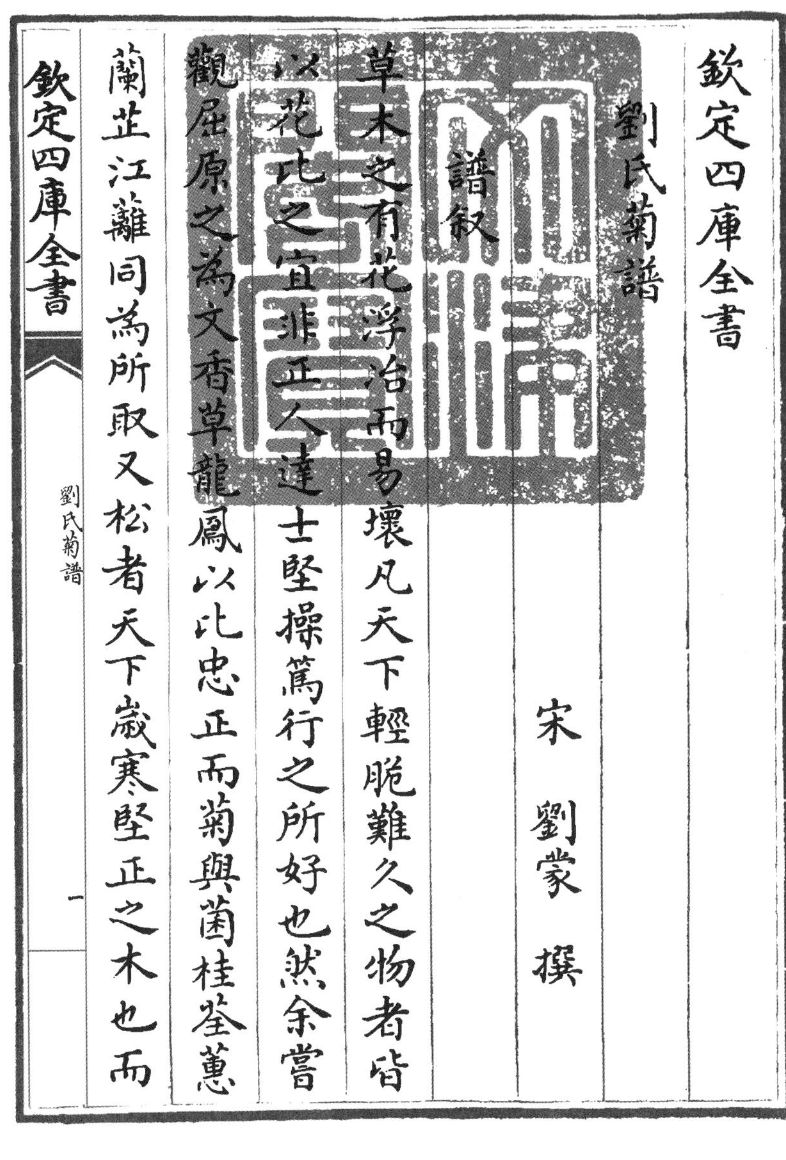

劉氏菊譜

宋　劉蒙　撰

譜叙

草木之有花浮冶而易壞凡天下輕脆難久之物者皆以花比之宜非正人達士堅操篤行之所好也然余嘗觀屈原之為文香草龍鳳以比忠正而菊與蘭桂荃蕙蘭芷江蘺同為所取又松者天下歲寒堅正之木也而

陶淵明乃以松名配菊連語而稱之夫屈原淵明實皆正人達士堅操篤行之流至於菊猶貴重之如此是菊雖以花為名固與浮冶易壞之物不可同年而語也且菊有異於物者凡花皆以春盛而實者以秋成其根柢枝葉無物不然而菊獨以秋花悅茂於風霜摇落之時此其得時者異也有花葉者花未必可食而康風子乃以食菊仙又本草云以九月取花久服輕身耐老此其花異也花可食者根葉未必可食而陸龜蒙云春苗恣

肥得以採擷供左右杯案又本草云以正月取根此其根葉異也夫以一草之微自本至末無非可食有功於人者加以花色香態纖妙閑雅可為丘壑燕静之娱然則古人取其香以比德而配之以歲寒之操夫豈偶然而已哉洛陽之風俗大抵好花菊品之數比他州為盛劉元孫伯紹者隱居伊水之瀍萃諸菊而植之朝夕嘯詠乎其側蓋有意譜之而未假也崇寧甲申九月余得為龍門之游得至君居坐於舒嘯堂上顧玩而樂之於

是相與訂論訪其居之未嘗有因次第焉夫牡丹荔枝香筍茶竹硯墨之類有名數者前人皆譜録今菊品之盛至於三十餘種可以類聚而記之故隨其名品論叙于左以列諸譜之次

說疑

或謂菊與苦薏有兩種而陶隱居日華子所記皆無千葉花疑今譜中或有非菊者也然余嘗讀隱居之說以謂莖紫色青作蒿艾氣為苦薏今余所記菊中雖有莖

青者然而為氣香味甘枝葉纖少或有味苦者而紫色細莖亦無蒿艾之氣又今人間相傳為菊其已久矣故未能輕取舊説而棄之也凡植物之見取於人者栽培灌溉不失其宜則枝葉華實無不猥大至其氣之所聚乃有連理合穎雙葉並蔕之瑞而况於花有變而為千葉者乎日華子曰花大者為甘菊花小而苦者為野菊若種園蔬肥沃之處復同一體是小可變而為甘也如是則單葉變而為千葉亦有之矣牡丹芍藥皆為藥中

所用隱居等但記花之紅白亦不云有千葉者今二花生于山野類皆單葉小花至於園圃肥沃之地栽鉏糞養皆爲千葉然後大花千葉變態百出然則奚獨至於菊而疑之注本草者謂菊一名日精按說文從鞠而爾雅菊治蘠月令云鞠有黄華疑皆傳寫之誤歟若夫馬蘭爲紫菊瞿麥爲大菊烏喙苗爲鴛鴦菊旋覆花爲艾菊與其他妄濫而竊菊名者皆所不取云

定品

或問菊奚先曰先色與香而後態然則色奚先曰黃者中之色土王季月而菊以九月花金土之應相生而相得者也其次莫若白西方金氣之應菊以秋開則於氣爲鍾焉陳藏器云白菊生平澤花紫者白之變紅者紫之變也此紫所以爲白之次而紅所以爲紫之次云有色矣而又有香有香矣而後有態是其爲花之尤者也或又曰花以艷媚爲悦而子以態爲後歟曰吾嘗聞於古人矣妍卉繁花爲小人而松竹蘭菊爲君子安有君

子而以態為悦乎至於具香與色而又有態是猶君子而有威儀也菊有名龍腦者具香與色而態不足者也菊有名都勝者具色與態而香不足者也菊之黄者未必皆勝而置于前者正其色也菊之白者未必皆勝而置于前者正其色也菊之白者未必皆劣而列于中者次其色也雜羅香毬玉鈴之類則以瓌異而升焉至於順聖楊妃之類轉紅受色不正故雖有芬香態度不得與諸花争也然余獨以龍腦為諸花之冠是故君子貴

上頁圖

秋花圖頁（局部）

宋　佚名　設色絹本　縱 50 厘米　橫 52 厘米

此圖造型優美，用色雖厚但不失穩重，圖中主花以重色調突出花筋，突出了全畫的中心。枝葉脈絡清晰，展現了勃勃的生機。在主花周圍，擁簇著其他花株，雖密卻不失秩序。整幅圖體現了深邃的意境與淡雅的格調。

下頁圖

白薔薇圖（局部）

宋　馬遠　設色絹本　縱 26.2 厘米　橫 25.8 厘米　現藏於北京故宮博物院

馬遠（約一一四〇—約一二二五），字遙父，號欽山，擅畫山水、人物、花鳥，與李唐、劉松年、夏圭並稱「南宋四家」。作品有《踏歌圖》《水圖》《梅石溪鳧圖》《西園雅集圖》等。圖中的薔薇枝繁葉茂，花的主幹由右下伸出，盛開的薔薇分佈兩側，均衡有序。畫家用粉色勾染花瓣，用色鮮明，用淺綠填塗枝葉，挺拔俊秀，用筆嚴謹但又不失生氣，展現了薔薇的婀娜多姿之美，意趣十足。

跨頁圖

雀山茶圖（局部）

宋　佚名　設色絹本　縱23.5厘米　橫26.7厘米

此圖為一枝山茶花上落一對雀鳥，雀鳥一上一下，嬉戲打鬧。中間的茶花擁簇而開，遠處的茶花含苞待放，在綠色的葉片襯托下，凸顯了茶花的樸素典雅的氣質，一靜一動，形成鮮明的對比。

其質焉後之視此譜者觸類而求之則意可見矣

花總數三十有五品以品視之可以見花之高下以花視之可以知品之得失具列之如左云

龍腦第一

龍腦一名小銀臺出京師開以九月末類金萬鈴而葉尖謂花上葉色類人間染鬱金而外葉純白夫黃菊有深淺色兩種而是花獨得深淺之中又其香氣芬烈甚似龍腦是花與香色俱可貴也諸菊或以態度爭先者

然標致高遠譬如大人君子雍容雅淡識與不識固將見而悅之誠未易以妖冶嫵媚為勝也

新羅第二

新羅一名玉梅一名倭菊或云出海外國中開以九月末千葉純白長短相次而花葉尖薄鮮明瑩徹若瓊瑤然花始開時中有青黃細葉如花蘂之狀盛開之後細葉舒展迺始見其蘂焉枝正紫色葉青支股而小凡菊類多尖闕而此花之蘂分為五出如人之有支股也與

花相映標韻高雅似非尋常之比也然余觀諸菊開頭枝葉有多少繁簡之失如桃花菊則恨葉多如毬子菊則恨花繁此菊一枝多開一花雖有旁枝亦少雙頭並開者正素獨立之意故詳紀焉

都勝第三

都勝出陳州開以九月末鵝黃千葉葉形圓厚有雙紋花葉大者每葉上皆有雙畫直紋如人手紋狀而内外大小重疊相次蓬蓬然疑造物者著意爲之凡花形千

葉如金鈴則太厚單葉如大金鈴則太薄惟都勝新羅御愛棣棠頗得厚薄之中而都勝又其最美者也余嘗謂菊之為花皆以香色態度爲尚而枝常恨麤葉常恨大凡菊無態度者枝葉累之也此菊細枝少葉嫋嫋有態而俗以都勝目之其有取于此乎花有淺深兩色葢初開時色深爾

御愛第四

御愛出京師開以九月末一名笑靨一名喜容淡葉千

葉葉有雙紋齊短而闊葉端皆有兩闕內外鱗次亦有瓌異之形但恨枝榦差麤不得與都勝爭先爾葉比諸菊最小而青每葉不過如指面大或云出禁中因此得名

玉毬第五

玉毬出陳州開以九月末多葉白花近蘂微有紅色花外大葉有雙紋瑩白齊長而蘂中小葉如剪茸初開時有青殼久乃退去盛開後小葉舒展皆與花外長葉相

次倒垂以玉毬目之者以其有圓聚之形也枝榦不甚麤葉尖長無刓闕枝葉皆有浮毛頗與諸菊異然顔色標致固自不凡近年以來方有此本好事者競求致一二本之直比于常菊蓋十倍焉

玉鈴第六

玉鈴未詳所出開以九月中純白千葉中有細鈴甚類大金鈴菊凡白花中如玉毬新羅形態髙雅出於其上而此菊與之争勝故余特次二菊觀名求實似無愧焉

金萬鈴第七

金萬鈴未詳所出開以九月末深黄千葉菊以黄爲正而鈴以金爲質是菊正黄色而葉有鐸形則於名實兩無愧也菊有花密枝褊者人間謂之鞍子菊實與此花一種特以地脉肥盛使之然爾又有大萬鈴大金鈴蜂鈴之類或形色不正比之此花特爲竊有其名也

大金鈴第八

大金鈴未詳所出開以九月末深黄有鈴者皆如鐸鈴

之形而此花之中實皆五出細花下有大葉承之每葉之有雙紋枝與常菊相似葉大而踈一枝不過十餘葉俗名大金鈴葢以花形似秋萬鈴爾

銀臺第九

銀臺深黄萬銀鈴葉有五出而下有雙紋白葉開之初疑與龍腦菊一種但花形差大且不甚香耳俗謂龍腦菊為小銀臺葢以相似故也枝榦纖柔葉青黄而麤踈近出洛陽水北小民家未多見也

棣棠第十

棣棠出西京開以九月末深黄雙紋多葉自中至外長短相次如千葉棣棠狀凡黄菊類多小花如都勝御愛雖稍大而色皆淺黄其最大者若大金鈴菊則又單葉淺薄無甚佳處唯此花深黄多葉大於諸菊而又枝葉甚青一枝聚生至十餘朶花葉相映顔色鮮好甚可愛也

蜂鈴第十一

蜂鈴開以九月中千葉深黄花形圓小而中有鈴葉擁聚蜂起細視若有蜂窠之狀大抵此花似金萬鈴獨以花形差小而尖又有細蘂出鈴葉中以此别爾

鵝毛第十二

鵝毛未詳所出開以九月末淡黄纖細如毛生於花萼上凡菊大率花心皆細葉而下有大葉承之間謂之托葉今此毛花自内自外葉皆一等但長短上下有次爾花形小於金萬鈴亦近年新花也

毬子第十三

毬子未詳所出開以九月中深黄千葉尖細重疊皆有倫理一枝之杪聚生百餘花若小毬諸菊黄花最小無過此者然枝青葉碧花色鮮明相映尤好也

夏金鈴第十四

夏金鈴出西京開以六月深黄千葉甚與金萬鈴相類而花頭瘦小不甚鮮茂蓋以生非時故也或曰非時而花失其正也而可置於上乎曰其香是也其色是也若

生非其時則係於天者也夫特以生非其時而置之諸菊之上香色不足論矣奚以貴質哉

秋金鈴第十五

秋金鈴出西京開以九月中深黄雙紋重葉花中細蘂皆出小鈴蕚中其蕚亦如鈴葉但比花葉短廣而青故譜中謂鈴葉鈴蕚者以此有如蜂鈴狀余頃年至京師始見此菊戚里相傳以為愛玩其後菊品漸盛香色形態往往出此花上而人之貴愛寖落矣然花色正黄未

應便置諸菊之下也

金錢第十六

金錢出西京開以九月末深黄雙紋重葉似大金菊而花形圓齊頗類滴漏花欄檻處處有亦名滴滴金亦名金錢子人未識者或以為棠棣菊或以為大金鈴但以花葉辨之乃可見爾

鄧州黄第十七

鄧州黄開以九月末單葉雙紋深於鵝黄而淺於鬱金

中有細葉出鈴蕚上形樣甚似鄧州白但小差爾按陶隱居云南陽酈縣有黃菊而白者以五月採今人間相傳多以白菊為貴又採時乃以九月頗與古説相異然黃菊味甘氣香枝榦葉形全類白菊疑乃弘景所記爾

薔薇第十八

薔薇未詳所出九月末開深黃雙紋單葉有黃細蘂出小鈴蕚中枝榦差細葉有支股而圓今薔薇有紅黃千葉單葉兩種而單葉者差淡人間謂之野薔薇蓋以單

葉者爾

黄二色第十九

黄二色九月末開鵝黄雙紋多葉一花之間自有深淡兩色然此花甚類薔薇菊惟形差小又近蘂多有亂葉不然亦不辨其異種也

甘菊第二十

甘菊生雍州川澤開以九月深黄單葉閭巷小人且能識之固不待記而後見也然余竊謂古菊未有瓌異如

今者而陶淵明張景陽謝希逸潘安仁等或愛其香或詠其色或採之於東籬或泛之於酒斝疑皆今之甘菊花也夫以古人賦詠賞愛至於如此而一旦以今菊之盛遂至棄而不取是豈仁人君子之於物哉故余特以甘菊置於白紫紅菊三品之上其大意如此

酴醾第二十一

酴醾出相州開以九月末純白千葉自中至外長短相次花之大小正如酴醾而枝榦纖柔頗有態度若花葉

稍圓加以檀蘗真酥醲也

玉盆第二十二

玉盆出滑州開以九月末多葉黄心内深外淡而下有闊白大葉連綴承之有如盆盂中盛花狀然人間相傳以謂玉盆菊者大率皆黄心碎葉初不知其得名之由後請疑於識者始以真菊相示乃知物之見名於人者必有形似之實非講尋無倦或有所遺爾

鄧州白第二十三

鄧州白九月末開單葉雙紋白花中有細蘂出鈴萼中凡菊單葉如薔薇菊之類大率花葉圓密相次花葉謂頭上白葉非枝葉之葉他稱花葉做此而此花葉皆尖細相去稀踈然香比諸菊甚烈而又正為藥中所用益鄧州菊潭所出爾枝榦甚纖柔葉端有支股而長亦不甚青

白菊第二十四

白菊單葉白花蘂與鄧州白相類但花葉差闊相次圓密而枝葉麤繁人未識者多謂此為鄧州白余亦信以

為然後劉伯紹訪得其真菊較見其異故譜中别開鄧州白而正其名曰白菊

銀盆第二十五

銀盆出西京開以九月中花中皆細鈴比夏秋萬鈴差疎而形色似之鈴葉之下别有雙紋白葉故人間謂之銀盆者以其下葉正白故也此菊近出未多見至其茂肥得地則一花之大有若盆者焉

順聖淺紫第二十六

順聖淺紫出陳州鄧州九月中方開多葉葉比諸菊最大一花不過六七葉而每葉盤疊凡三四重花葉空處間有筒葉輔之大率花形枝榦類垂絲棣棠但色紫花大爾余所記菊中惟此最大而風流態度又為可貴獨恨此花非黃白不得與諸菊爭先也

夏萬鈴第二十七

夏萬鈴出鄜州開以五月紫色細鈴生於雙紋大葉之上以時別之者以有秋時紫花故也或以菊皆秋生花

而疑此菊獨以夏盛按靈寶方曰菊花紫白又陶隱居云五月採今此花紫色而開於夏時是其得時之正也夫何疑哉

秋萬鈴第二十八

秋萬鈴出鄜州開以九月中千葉淺紫其中細葉盡為五出鐸形而下有雙紋大葉承之諸菊如棣棠是其最大獨此菊與順聖過焉或云與夏花一種但秋夏再開爾今人間起草為花多作此菊蓋以其瓌美可愛故也

繡毬第二十九

繡毬出西京開以九月中千葉紫花花葉尖闊相次聚生如金鈴菊中鈴葉之狀大率此花似荔枝菊花中無筒葉而蕚邊正平爾花形之大有若大金鈴菊者焉

荔枝第三十

荔枝枝紫出西京九月中開千葉紫花葉卷為筒謂花葉也大小相間凡菊鈴并蘂皆生托葉之上葉背乃有花蕚與枝相連而

凡菊鈴葉有五出皆如鐸鈴之形又有卷生為筒無尖闕者故謂之筒葉他與此同

此菊上下左右攢聚而生故俗以為茘枝者以其花形正圓故也花有紅者與此同名而純紫者葢不多爾

垂絲粉紅第三十一

垂絲粉紅出西京九月中開千葉葉細如茸攢聚相次而花下亦無托葉人以垂絲目之者葢以枝榦纖弱故也

楊妃第三十二

楊妃未詳所出九月中開粉紅千葉散如亂茸而枝葉

細小嫋嫋有態此實菊之柔媚為悅者也

合蟬第三十三

合蟬未詳所出九月末開粉紅筒葉花形細者與蘂雜比方盛開時筒之大者裂為兩翅如飛舞狀一枝之杪凡三四花然大率皆筒葉如荔枝菊有蟬形者蓋不多爾

紅二色第三十四

紅二色出西京開以九月末千葉深淡紅叢有兩色而

花葉之中間生筒葉大小相映方盛開時筒之大者裂為二三與花葉相雜比茸茸然花心與筒葉中有青黄紅蘂頗與諸菊相異然余怪桃花石榴川木瓜之類或有一株異色者每以造物之付受有不平歟將見其巧歟今菊之變其黄白而為粉紅深紫固可怪而又一株亦有異色並生者也是亦深可怪歟花之形度無甚佳處特記其異爾

桃花第三十五

桃花粉紅單葉中有黄蘂其色正類桃花俗以此名盖以言其色爾花之形度雖不甚佳而開於諸菊未有之前故人視此菊如木中之梅焉枝葉最繁密或有無花者則一葉之大踰數寸也

雜記

叙遺

余聞有麝香菊者黄花千葉以香得名有錦菊者粉紅碎花以色得名有孩兒菊者粉紅青蕚以形得名有金

絲菊者紫花黄心以蘂得名嘗訪於好事求於園圃既未之見而説者謂孩兒菊與桃花一種又云種花者剪掐爲之至錦菊金絲則或有言其與别名非菊者若麝香菊則又出陽翟洛人實未之見夫既已記之而定其品之髙下又因傳聞附會而亂其先後之次是非余譜菊之意故特論其名色列於記花之後以俟博物之君子證其謬焉

補意

余嘗怪古人之於菊雖賦詠嗟嘆嘗見於文詞而未嘗說其花瓌異如吾譜中所記者疑古之品未若今日之富也今遂有三十五種又嘗聞於蒔花者云花之形色變易如牡丹之類歲取其變者以為新今此菊亦疑所變也今之所譜雖自謂甚富然搜訪所有未至與花之變易後出則有待於好事者焉君子之於文亦闕其不知者斯可矣若夫掇擷治療之方栽培灌種之宜宜觀於方冊而問於老圃不待予言也

拾遺

黄碧單葉兩種生於山野籬落之間宜若無足取者然譜中諸菊多以香色態度為人愛好剪鉏移徙或至傷生而是花與之均賦一性同受一色俱有此名而能遠迹山野保其自然固亦無羨於諸菊也余嘉其大意而收之又不敢雜置諸菊之中故特列之於後云

劉氏菊譜

四·史氏菊譜

宋·史正志

欽定四庫全書

史氏菊譜

宋 史正志 撰

菊草屬也以黄為正所以槩稱黄花漢俗九日飲菊酒以祓除不祥葢九月律中無射而數九俗尚九日而用時之草也南陽酈縣有菊潭飲其水者皆壽神僊傳有康生服其花而成僊菊有黄華北方用以凖節令大略黄華開時節候不差江南地暖百卉造作無時而菊獨

不然攷其理菊性介烈髙潔不與百卉同其盛衰必待霜降草木黄落而花始開嶺南冬至始有微霜故也本草一名日精一名周盈一名傳延年所宜貴者苗可以菜花可以藥囊可以枕釀可以飲所以髙人隱士籬落畦圃之間不可一日無此花也陶淵明植於三徑采於東籬裛露掇英汎以忘憂鍾會賦以五美謂圓華髙懸凖天極也純黄不雜后土色也早植晚登君子德也冒霜吐頴象勁直也杯中體輕神仙食也其為所重如此

然品類有數十種而白菊一二年多有變黄者余在二水植大白菊百餘株次年盡變為黄花今以色之黄白及雜色品類可見於吳門者二十有七種大小顔色殊異而不同自昔好事者為牡丹芍藥海棠竹筍作譜記者多矣獨菊花未有為之譜者殆亦菊花之闕文也歟余姑以所見為之若夫耳目之未接品類之未備更俟博雅君子與我同志者續之今以所見具列于後

黄

大金黄

心密花瓣大如大錢

小金黄

心微紅花瓣鵝黄葉翠大如衆花

佛頭菊

無心中邊亦同

小佛頭菊

同上微小又云疊羅黄

金鏊菊

比佛頭頗瘦花心微窪

金鈴菊

心微青紅花瓣鵝黄色葉小又云明州黄

深色御袍黄

心起突色如深鵝黄

淺色御袍黄

千瓣初開深鵞黄而差踈瘦久則成淺黄

金錢菊

心小花瓣稀

毬子黄

中邊一色突起如毬子

棣棠菊

色深黄如棣棠狀比甘菊差大

甘菊

色深黄比棣棠頗小

野菊

細瘦枝柯凋衰多野生亦有白者

白

金盞銀臺

心突起瓣黄四邊白

樓子佛頂

心大突起似佛頂四邊單葉

添色喜容

心徵突起辦密且大

纓枝菊

花辦薄開過轉紅色

玉盤菊

黄心突起淡白緣邊

單心菊

細花心辦大

樓子菊

層層狀如樓子

萬鈴菊

心茸茸突起花多半開者如鈴

腦子菊

花瓣微縐縮如腦子狀

荼蘼菊

心青黄微起如鵝黄色淺

雜色紅紫

十樣菊

黄白雜樣亦有微紫花頭小

桃花菊

花瓣全如桃花秋初先開色有淺深深秋亦有白者

芙蓉菊

狀如芙蓉亦紅色

孩兒菊

紫萼白心茸茸然葉上有光與他菊異

夏月佛頂菊

五六月開色微紅

後序

菊之開也既黄白深淺之不同而花有落者有不落者葢花瓣結密者不落盛開之後淺黄者轉白而白色者漸轉紅枯于枝上花瓣扶疎者多落盛開之後漸覺離披遇風雨撼之則飄散滿地矣王介甫武夷詩云黄昏風雨打園林殘菊飄零滿地金歐陽永叔見之戲介甫

曰秋花不落春花落為報詩人子細看介甫聞之笑曰歐陽九不學之過也豈不見楚辭云夕餐秋菊之落英東坡歐公門人也其詩亦有欲伴騷人賦落英與夫却繞東籬嗅落英亦用楚辭語耳王彥賓言古人之言有不必盡循者如楚辭言秋菊落英之語余謂詩人所以多識草木之名蓋為是也歐王二公文章擅一世而左右佩紉彼此相笑豈非於草木之名猶有未盡識之而不知有落有不落者耶王彥賓之徒又從而為之贅疣

蓋益遠矣若夫可餐者乃菊之初開芳馨可愛耳若夫衰謝而復落豈復有可餐之味楚辭之過乃在於此或云詩之訪落注落訓始也意落英之落蓋謂始開之花耳然則介甫之引證殆亦未之思歟或者之說不為無據余學為老圃而頗識草木者因併書于菊譜之後淳熙歲次乙未閏九月望日吳門老圃叙

史氏菊譜

五·范村梅譜

宋·范成大

欽定四庫全書

范村梅譜

宋　范成大　撰

梅天下尤物無問智賢愚不肖莫敢有異議學圃之士必先種梅且不厭多他花有無多少皆不繫重輕余於石湖玉雪坡既有梅數百本比年又於舍南買王氏僦舍七十楹盡拆除之治為范村以其地三分之一與梅吳下栽梅特盛其品不一今始盡得之隨所得為譜以

以遺好事者

江梅遺核野生不經栽接者又名直脚梅或謂之野梅凡山間水濵荒寒清絶之趣皆此本也花稍小而踈瘦有韻香最清實小而硬

早梅花勝直脚梅吳中春晚二月始爛漫獨此品於冬至前已開故得早名錢塘湖上亦有一種尤開早余嘗重陽日親折之有横枝對菊開之句成都賣花者争先為奇冬初所未開枝置浴室中薫蒸令拆强名早梅終

瑣碎無香余項守桂林立春梅已過元夕則嘗青子皆非風土之正杜子美詩云梅蘂臈前破梅花年後多惟冬春之交正是花時耳

官城梅吳下圃人以直脚梅擇他本花肥實美者接之花遂敷腴實亦佳可入煎造唐人所稱官梅止謂在官府園圃中非此官城梅也

消梅花與江梅官城梅相似其實圓小鬆脆多液無滓多液則不耐日乾故不入煎造亦不宜熟惟堪青噉比

梨亦有一種輕鬆者名消梨與此同意

古梅會稽最多四明吳興亦間有之其枝樛曲萬狀蒼蘚鱗皴封滿花身又有苔鬚垂於枝間或長數寸風至綠絲飄飄可玩初謂古木久歷風日致然詳考會稽所產雖小株亦有苔痕葢別是一種非必古木余嘗從會稽移植十本一年後花雖盛發苔皆剝落殆盡其自湖之武康所得者即不變移風土不相宜會稽隔一江湖蘇接壤故土宜或異同也凡古梅多苔者封固花葉之

眼惟鎼隙間始能發花花雖稀而氣之所鍾豐腴妙絶

苔剥落者則花發仍多與常梅同去成都二十里有卧

梅偃蹇十餘丈相傳唐物也謂之梅龍好事者載酒遊

之清江酒家有大梅如數間屋傍枝四垂周遭可羅坐

數十人任子嚴運使買得作凌風閣臨之因遂進築大

圃謂之盤園余生平所見梅之奇古者惟此兩處為冠

隨筆記之附古梅後

重葉梅花頭甚豐葉重數層盛開如小白蓮梅中之奇

品花房獨出而結實多雙尤為瓌異極梅之變化工無餘巧矣近年方見之蜀海棠有重葉者名蓮花海棠為天下第一可與此梅作對

緑蕚梅凡梅花跗蒂皆絳紫色惟此純緑枝梗亦青特為清高好事者比之九疑仙人蕚緑華京師艮嶽有蕚緑華堂其下專植此本人間亦不多有為時所貴重吳下又有一種蕚亦微緑四邊猶淺絳亦自難得

百葉緗梅亦名黄香梅亦名千葉香梅花葉至二十餘

辨心色微黄花頭差小而繁密別有一種芳香比常梅尤穠美不結實

紅梅粉紅色標格猶是梅而繁密則如杏香亦類杏詩人有北人全未識渾作杏花看之句與江梅同開紅白相映園林初春絶景也梅聖俞詩云認桃無緑葉辨杏有青枝當時以為著題東坡詩云詩老不知梅格在更看緑葉與青枝葢謂其不韻為紅梅解嘲云承平時此花獨盛於姑蘇晏元獻公始移植西岡圃中一日貴游

賂園吏得一枝分接由是都下有二本嘗與客飲花下賦詩云若更開遲三二月北人應作杏花看客曰公詩固佳待北俗何淺耶晏笑曰傖父安得不然王琪君玉時守吳郡聞盜花種事以詩遺公曰館娃宮北發精神粉瘦瓊寒露蘂新園吏無端偷折去鳳城從此有雙身當時罕得如此比年展轉移接殆不可勝數矣世傳吳下紅梅詩甚多惟方子通一篇絶唱有紫府與丹來換骨春風吹酒上凝脂之句

鴛鴦梅多葉紅梅也花輕盈重葉數層凡雙果必並蔕惟此一蔕而結雙梅亦尤物

杏梅花比紅梅色微淡結實甚匾有斕斑色全似杏味不及紅梅

蠟梅本非梅類以其與梅同時香又相近色酷似蜜脾故名蠟梅凡三種以子種出不經接花小香淡其品最下俗謂之狗蠅梅經接花疎雖盛開花常半含名磬口梅言似僧磬之口也最先開色深黃如紫檀花密香穠

名檀香梅此品最佳蠟梅香極清芳殆過梅香初不以形狀貴也故難題詠山谷簡齋但作五言小詩而已此花多宿葉結實如垂鈴尖長寸餘又如大桃奴子在其中

後序

梅以韻勝以格高故以橫斜疎瘦與老枝怪奇者為貴其新接穉木一歲抽嫩枝直上或三四尺如酴醾薔薇輩者吳下謂之氣條此直宜取實規利無所謂韻與格

矣又有一種糞壤力勝者於條上茁短橫枝狀如棘針花密綴之亦非高品近世始畫墨梅江西有楊補之者尤有名其徒倣之者實繁觀楊氏畫大略皆氣條耳雖筆法奇峭去梅實遠惟廉宣仲所作差有風致世鮮有評之者余故附之譜後

范村梅譜

六·范村菊譜

宋·范成大

欽定四庫全書

范村菊譜

宋 范成大 撰

山林好事者或以菊比君子其説以謂歲華婉娩草木變衰乃獨煒然秀發傲睨風露此幽人逸士之操雖寂寥荒寒中味道之腴不改其樂者也神農書以菊為養生上藥能輕身延年南陽人飲其潭水皆壽百歲使夫人者有為於當世醫國惠民亦猶是而已菊於君子之

道誠有臭味哉月令以動植志氣候如桃桐華直云始華至菊獨曰菊有黄華豈以其正色獨立不伍衆草變詞而言之歟故名勝之士未有不愛菊者至陶淵明尤甚愛之而菊名益重又其花時秋暑始退歲事既登天氣高明人情舒閒騷人飲流亦以菊為時花移檻列屋𦘕致觴詠間謂之重九節物此非深知菊者要亦不可謂不愛菊也愛者既多種者日廣吴下老圃伺春苗尺許時掇去其顛數日則歧出兩枝又掇之每掇益歧至

上頁圖

枇杷山鳥圖（局部）

宋　林椿　設色絹本　縱 26.9 厘米　橫 27.2 厘米　現藏於北京故宮博物院

此圖中成熟的枇杷壓彎了枝頭，一隻黃雀立於枝頭正要啄食枇杷，枇杷枝似乎在黃雀的躍動下失去了重心而上下顛動。整幅圖用筆工整，表現手法細膩，連葉子上被蟲蛀的破損之處也刻畫得細緻入微，寫實度高。

下頁圖

海棠蛺蝶圖（局部）

宋　佚名　設色絹本　縱 25 厘米　橫 24.5 厘米　現藏於北京故宮博物院

此圖由右下伸出一簇彎曲的海棠，一隻蛺蝶繞著海棠翩翩飛舞。海棠花葉片翻轉，枝幹曲張，渲染出了早春的醉人的春意。白色的花瓣外側點綴一點胭脂紅，展現了葉片素潔的美感，凸顯了畫家深厚的寫實功底。

跨頁圖

桃鳩圖（局部）

宋　趙佶　設色絹本　縱 26.1 厘米　橫 28.35 厘米　現藏于東京國立博物館

趙佶（一〇八二—一一三五），即宋徽宗。善書畫，獨創瘦金體，熱愛畫花鳥畫。令下屬編輯《宣和書譜》《宣和畫譜》等美術史書籍，為研究美術史做出巨大的貢獻。作品有《竹禽圖》《四禽圖》《梅花繡眼圖》等。

此圖的焦點主要集中于左半部，一隻壯碩的鳩鳥棲息在一枝纖細的桃枝之上，形成了鮮明的對比。枝葉勾勒精細，鳩鳥用色鮮明艷麗，給人強烈的視覺衝擊。畫面右側是趙佶標誌性的瘦金體，為宋徽宗典型的代表作。

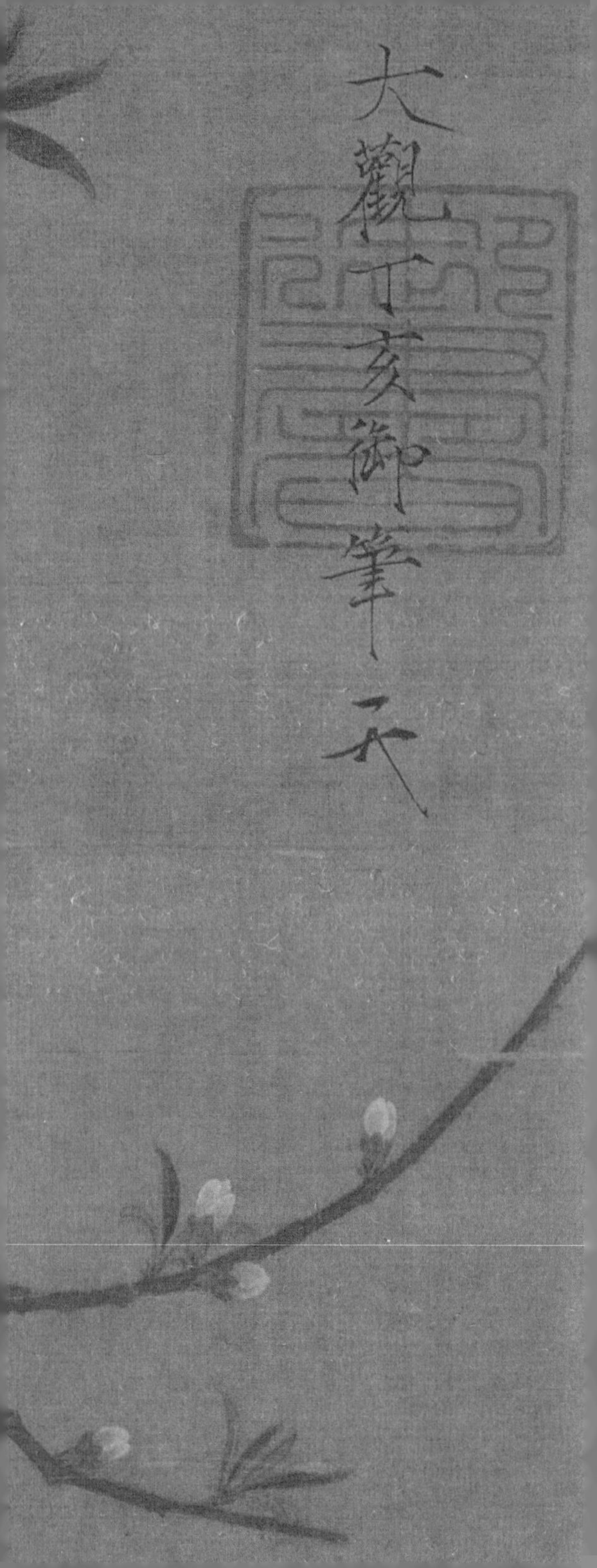
大觀丁亥御筆

秋則一榦所出數千百朶婆娑團植如車葢熏籠矣人力勤土又膏沃花亦為之屢變頃見東陽人家菊圖多至七十種淳熙丙午范村所植止得三十六種悉為譜之明年將益訪求他品為後譜云

黄

勝金黄　疊金黄

棣棠菊　疊羅黄

麝香黄　太真黄

垂絲菊　千葉小金黄

鴛鴦菊　金鈴菊

毬子菊　單葉小金錢

夏小金錢　十樣菊

甘菊　野菊

白

五月菊　金杯玉盤

喜容千葉　御衣黄千葉

萬鈴菊　蓮花菊

芙蓉菊　茉莉菊

木香菊　酴醿菊

艾葉菊　白麝香

白荔枝　銀杏菊

波斯菊一枝只一葩倒垂如髮之鬈

雜色

佛頂菊　桃花菊

燕脂菊　紫菊一名孩兒

黄花

勝金黄一名大金黄菊以黄為正此品最為豐縟而如輕盈花葉微尖但條梗纖弱難得團簇作大本須留意扶植乃成

疊金黄一名明州黄又名小金黄花心極小疊葉穠密狀如笑靨花有富貴氣開早

棣棠菊一名金鎚子花纖穠酷似棣棠色深如赤金他

花色皆不及蓋奇品也窠株不甚高金陵最多

疊羅黄狀如小金黄花葉尖瘦如剪羅縠三兩花自作

一高枝出叢上意度瀟灑

麝香黄花心豐腴傍短葉密承之格高勝亦有白者大

略似白佛頂丁勝之遠甚吳中比年始有

千葉小金錢略似明州黄花葉中外疊疊整齊心甚大

太真黄花如小金錢加鮮明

單花小金錢花心尤大開最早重陽前已爛漫

垂絲菊花蘂深黄莖極柔細隨風動摇如垂絲海棠鴛鴦菊花常相偶葉深碧

金鈴菊一名荔枝菊舉體千葉細辧簇成小毬如小荔枝枝條長茂可以攬結江東人喜種之有結為浮圖樓閣高丈餘者余頃北使過欒城其地多菊家家以盆盎遮門悉為鸞鳳亭臺之狀即此一種

毬子菊如金鈴而差小二種相去不遠其大小名字出於栽培肥瘠之别

小金鈴一名夏菊花如金鈴而極小無大本夏中開

藤菊花密條柔以長如藤蔓可編作屏幛亦名棚菊種之坡上則垂下褭數尺如纓絡尤宜池潭之瀕

十様菊一本開花形模各異或多葉或單葉或大或小或如金鈴往往有六七色以成數通名之曰十様衢嚴間黄杭之屬邑有白者

甘菊一名家菊人家種以供蔬茹凡菊葉皆深緑而厚味極苦或有毛惟此葉淡緑柔瑩味微甘咀嚼香味俱

勝擲以作羹及泛茶極有風致天隨子所賦即此種花

差勝野菊甚本不繁花

野菊旅生田野及水濱花單葉極瑣細

白花

五月菊花心極大每一鬚皆中空攢成一匾毬子紅白

單葉繞承之每枝只一花徑二寸葉似同蒿夏中開近

年院體畫草蟲喜以此菊寫生

金杯玉盤中心黄四傍淺白大葉三數層花頭徑三寸

菊之大者不過此本出江東比年稍移栽吳下此與五月菊二品以其花徑寸特大故列之於前

喜容千葉花初開微黄花心極小花中色深外微暈淡欣然丰艷有喜色甚稱其名久則變白尤耐封殖可以引長七八尺至一丈亦可攬結白花中高品也

御衣黄千葉花初開深鵞黄大略似喜容而差疎瘦久則變白

萬鈴菊中心淡黄鎚子傍白花葉繞之花端極尖香尤

清烈

蓮花菊如小白蓮花多葉而無心花頭疎極蕭散清絶一枝只一葩綠葉亦甚纖巧

芙蓉菊開就者如小木芙蓉尤穠盛者如樓子芍藥但難培植多不能繁茂

茉莉菊花葉繁縟全似茉莉綠葉亦似之長大而圓淨

木香菊多葉畧似御衣黄初開淺鵞黄久則一白花葉尖薄盛開則微卷芳氣最烈一名腦子菊

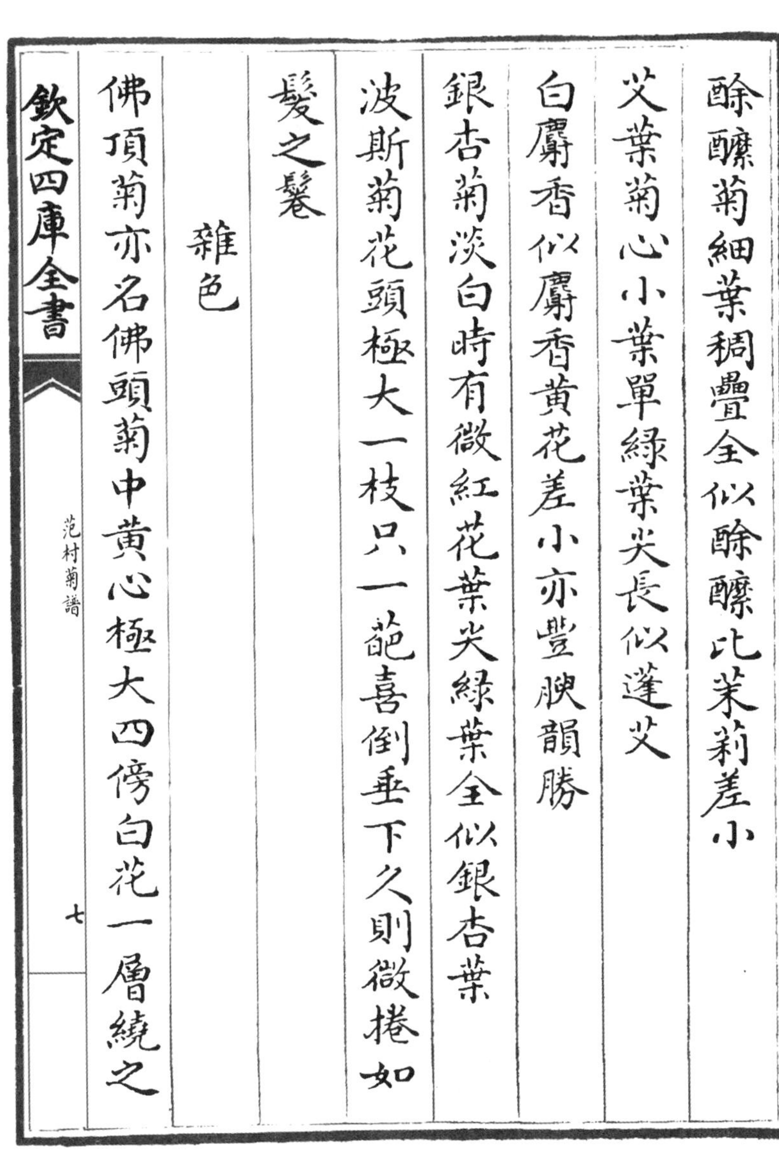

酴醿菊細葉稠疊全似酴醿比茉莉差小

艾葉菊心小葉單緑葉尖長似蓬艾

白麝香似麝香黄花差小亦豐腴韻勝

銀杏菊淡白時有微紅花葉尖緑葉全似銀杏葉

波斯菊花頭極大一枝只一葩喜倒垂下久則微捲如髪之鬈

雜色

佛頂菊亦名佛頭菊中黄心極大四傍白花一層繞之

初秋先開白色漸沁微紅

桃花菊多至四五重粉紅色濃淡在桃杏紅梅之間未霜即開最為妍麗中秋後便可賞以其質如白之受采故附白花

臙脂菊類桃花菊深紅淺紫比臙脂色尤重比年始有之此品既出桃花菊遂無顔色葢奇品也姑附白花之後

紫菊一名孩兒菊花如紫茸叢茁細碎微有菊香或云

即澤蘭也以其與菊同時又常及重九故附於菊

後序

菊有黄白二種而以黄為正人於牡丹獨曰花而不名好事者於菊亦但曰黄花皆所以珍異之故余譜先黄而後白陶隱居謂菊有二種一種莖紫氣香味甘葉嫩可食花微小者為真其青莖細葉作蒿艾氣味苦花大名苦薏非真也今吳下惟甘菊一種可食花細碎品不甚高餘味皆苦白花尤甚花亦大隱居論藥既不以此

為真後復云白菊治風眩陳藏器之說亦然靈寶方及

抱朴子丹法又悉用白菊蓋與前說相牴牾今詳此惟

甘菊一種可食亦入藥餌餘黃白二花雖不可餌皆入

藥而治頭風則尚白者此論堅定無疑併著於後

七·百菊集譜

宋·史鑄

欽定四庫全書　　子部九

百菊集譜　　譜録類草木禽魚之屬

提要

臣等謹案百菊集譜六卷菊史補遺一卷宋史鑄撰鑄字顏甫號愚齋山陰人即嘉定丁丑注王十朋會稽三賦者也是書於淳祐壬寅成五卷越四年丙午續得赤城胡融譜乃移原書第五卷為第六卷而摭融譜為第五

卷又四年庚戌更為補遺一卷觀其自題作補遺之時已改名為菊史矣而此仍題百菊集譜豈當時刋板已成不能更易耶首列諸菊名品一百三十一種附注者三十二種又一花五名一花四名者二種冠於簡端不入卷帙第一卷為周師厚劉蒙史正志范成大四家所譜第二卷為沈競譜及鑄所撰新譜三卷為種藝故事雜説方術辨疑及古今詩

話四卷為文章詩賦五卷即所增胡融譜及
栽植事實附以張栻賦及杜甫詩話一條六
卷為絶句及集句詩補遺一卷則雜採所續得
詩文類也書不成於一時故編次頗無體例
然其蒐羅可謂博矣乾隆四十九年三月恭
校上

總纂官臣紀昀臣陸錫熊臣孫士毅
總校官臣陸費墀

百菊集譜序

萬卉蕃廡於大地惟菊傑立於風霜中敷華吐芬出乎其類所以人皆貴之至於名公佳士作為譜者凡數家可謂討論多矣鑄晚年亦愛此成癖且欲多識其品目未免周詢博採有如元豐中鄞江周公師厚所寄洛陽之菊二十有六品即洛陽花木記崇寧中彭城劉公蒙所譜號地之菊三十有五品淳熙乙未省郎史公正志所譜吴門之菊二十有八品淳熙丙午大參范公成大所譜石

湖之菊三十有六品近而嘉定癸酉吳中沈公競乃摭取諸州之菊及上至于禁苑所有者總九十餘品以著于篇菊名篇第四亦一譜也凡此一記四譜俱行於世此外又有文保雍一譜求之未見鑄自端平至于淳祐凡七年間始得諸本且每得一本快覩諦玩竊有疑焉如九華一品此正供淵明所賞者也在昔先生所植甚多嘗以是形於九日詩序今也幾歷千載其名猶聞於杭越間流芳不絶然愚求於記譜中奈何皆闕之豈彼四方之廣土此品未

嘗有邪豈道里限隔此名或呼之異邪豈群賢作譜採訪有所未至邪胡為品目之未備吁可恠也於是就吾鄉徧涉秋園搜拾所有悉市種而植之俟其花盛開乃備述諸形色而紀之有疑而未辨則問於好事而質之夫如是則古稱九華者於斯復見矣且至於四十品若濫號假名者不與其數是為越譜至此一記五譜班班品列名曰百菊集譜今去其重複凡有百六十三名今則特加種藝與夫故事詩賦之類畢萃於此庶幾可以併廣所聞云時淳祐壬寅夏

五既望愚齋史鑄序

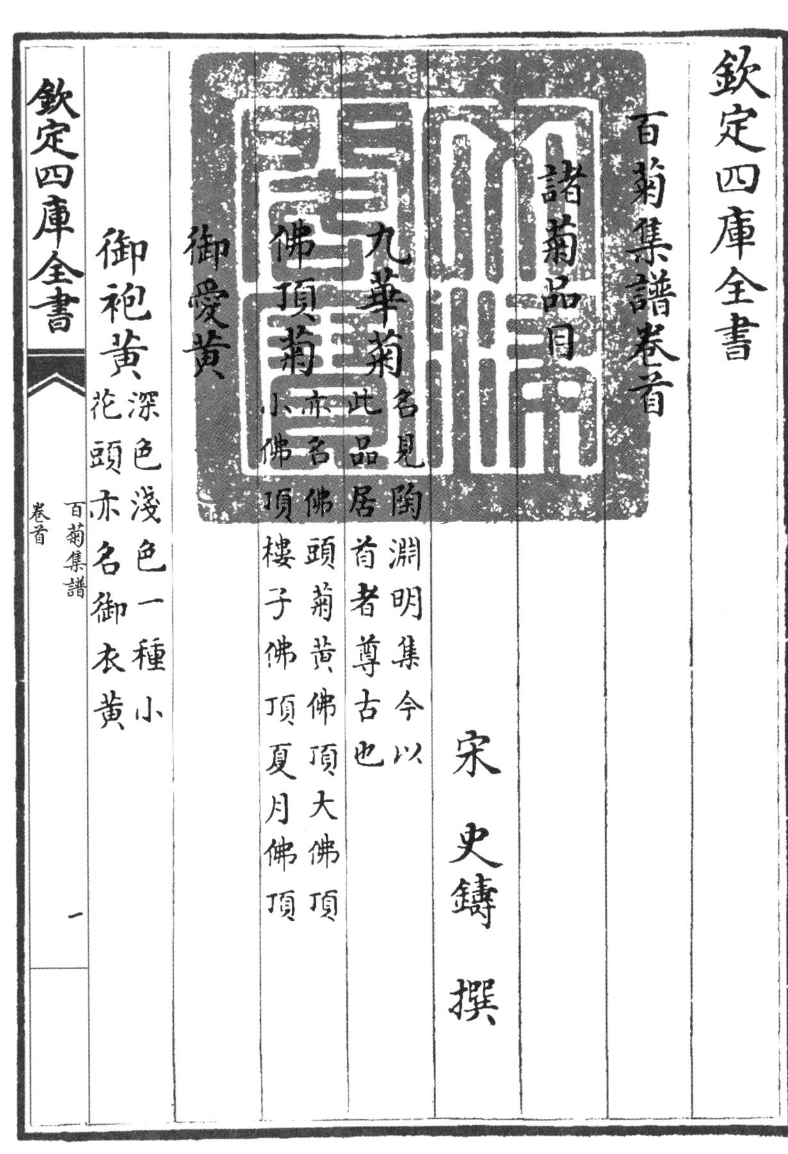

欽定四庫全書

百菊集譜卷首

宋 史鑄 撰

諸菊品目

九華菊 名見陶淵明集今以此品居首者尊古也

佛頂菊 亦名佛頭菊黃佛頂大佛頂小佛頂樓子佛頂夏月佛頂

御愛黃

御袍黃 深色淺色一種小花頭亦名御衣黃

勝金黄大金黄 小金黄

側金盞

金絲菊

金錢菊大金錢小金錢千葉小金錢單葉小金錢賽金錢

金鈴菊亦名塔子菊大金鈴小金鈴夏金鈴秋金鈴

金萬鈴夏萬鈴 秋萬鈴

金甃菊

金盞銀臺

金盞金臺

金盃玉盤

金井銀欄

金井玉欄

滴滴金 夏菊也

滿堂金

銷金菊

銷金北紫

銷銀黄菊

玉盤盂

玉鈴菊

玉甌菊

玉盆菊

銀盤菊

輪盤菊

銀臺菊

銀盆菊

珠子菊

水晶菊

玉毬菊

繡毬菊

毬子黄

錦菊

繡菊

疊金黄亦名明州黄

疊羅黄

白疊羅

垂絲菊黄色

垂絲粉紅

鋪茸菊

蹙線菊

荔枝菊白荔枝

銀杏菊

橙黄菊

柑子菊

枇杷菊

密友菊

酴醿菊黄色 白色

木香菊黄色 白色

丁香菊

桃花菊

牡丹菊

素馨菊 黄色 白色

棣棠菊

末利菊

薔薇菊

蓮花菊 附荷菊

芙蓉菊

雞冠菊

蠟梅菊

松菊

柹葉菊

柳條菊

樝子菊

茱萸菊

艾菊

龍腦菊

新羅菊黄色白色

鄧州黄

鄧州白

明州黄

泰州黄

淮南菊

襄陽紅

大笑菊大笑亦一花名

笑靨菊黄色白色

喜容菊黄色白色

添色喜容喜容千葉

都勝菊

纏枝菊黄色白色

徘徊菊

甘菊

野菊 黄色 白色

藤菊 亦名一丈黄

寒菊 黄色 白色

春菊

五月菊

九日菊

十月白

十樣菊

黄二色

紅二色

樓子菊

鞍子菊

腦子菊

麝香黄 白麝香

燕脂菊

粉團菊

凌風菊

朝天菊

月下白

楊妃菊粉紅色

楊妃裙黄色

太真黄

孩兒菊黄色白色粉紅色

波斯菊

鴛鴦菊

鷺鷥菊

鵝兒菊

鵝毛菊

蜂兒菊

蜂鈴菊

碧蟬菊

合蟬菊

五色菊

紫菊

順聖淺紫

石菊其色有三故附於此

丹菊九月開

紅菊五月開附乾紅菊

碧菊

青心菊

單心菊

黄簇菊

鐵脚黄鈴菊

黑葉兒菊

鈸兒菊

釵頭菊

右一百三十一名間於其下又有附注者三十二是總計一百六十三名也然世謂此花有七十二品若以此

數求其一州之所有則不足若求於四方則遠出此數之外蓋菊之為態栽植年深茍得其宜則其間形色或有變易者故種類滋多命名非一殆不可以數計也況遐方異俗所呼不同或一品至於有三四名者以是考之則知此品目猶未免有重複也覽者當知之

一種而五名

藤菊

一丈黄

枝亭菊

棚菊

朝天菊

一種而四名

九華菊兩層者

一笑菊單層者

枇杷菊

栗葉菊

凡一種有二三名者各見於逐品之下更不再表出

百菊集譜卷首

欽定四庫全書

百菊集譜卷一

宋 史鑄 撰

洛陽品類

鄞江周師厚 愚齋云公因倅洛陽作洛陽花木記愚今於記中惟摭取菊名列於此若

乃諸形狀據元本皆不該

菊單葉　金鈴菊　紫幹子

萬鈴菊　毬子菊　鷄冠菊

地棠菊　千葉大黄菊　五色菊

粉紅菊　碧菊　千葉晚紅菊

黄簇菊　柿葉菊　青心菊

葉紅菊　黄窠廷子　探白子

白菊　六月紫菊　紅香菊

釵頭菊　紫菊亦謂之旱蓮　金錢菊一名夏菊

川金錢深紅色單葉　川剪金

虢地品類

彭城劉蒙撰譜 愚齋云公因至伊水旅寓見菊作此

敘曰草木之有花浮冶而易壞凡天下輕脆難久之物者皆以花比之宜非正人達士堅操篤行之所好也然余嘗觀屈原之為文香草龍鳳以比忠正而菊與菌桂荃蕙蘭芷江蘺同為所取又松者天下歲寒堅正之木也而陶淵明乃以松名配菊連語而稱之夫屈原淵明實在正人達士堅操篤行之流至於菊猶貴重之如此是菊雖以花為名固與浮冶易壞之物不可同年而語

也且菊有異於物者獨以秋花悦茂於風霜揺落之時此其得時者異也云云

說疑曰或謂菊與苦薏有兩種疑今譜中或有非菊者也然余嘗讀陶隱居之說以謂莖紫色青作蒿艾氣為苦薏今余所記菊中雖有莖青者然而為氣香味甘枝葉纖少或有味苦者而紫色細莖亦無蒿艾氣今人間相傳為菊其已久矣故未能輕取舊說而棄之也〇日華子曰花大者為甘菊花小而苦者為野菊若種園蔬肥沃之處復同一體是小可變而

為甘也如是則單葉變而為千葉亦有之矣○若夫馬蘭為紫菊瞿麥為大菊烏喙苗為鴛鴦菊旋覆花為艾菊與其他妄濫而竊菊名者皆所不取云愚齋云鯛陽居士所編復雅詞云鴛鴦菊乃豆蔻花也其花類百合而小比牽牛花差大紅紫色中心有雙須須之端為雙鴛鴦之形其葉如菊葉而極大淮南二三月開花

定品曰或問菊奚先曰先色與香而後態然則色奚先曰黃者中之色其次莫若白陳藏器云白菊生平澤花紫者白之變紅者紫之變也此紫所以為白之次而紅

所以為紫之次或曰花以艷媚為悦而子以態為後歟曰吾嘗聞於古人矣妍卉繁花為小人而松竹蘭菊為君子安有君子而以態為悦乎至於具香與色而又有態是猶君子而有威儀也〇菊之黄者未必皆勝而置于前者正其色也菊之白者未必皆劣而列于中者次其色也

龍腦菊一名小銀臺出京師類金萬鈴而葉尖其色類染鬱金而外葉純白其香氣芬烈似龍腦其中稱葉者謂花頭

上葉也非枝葉之葉定品云菊有名龍腦者具香與色而態不足者也然余以此為之冠者亦君子貴其質焉

新羅菊一名玉梅一名倭菊出海外千葉純白長短相次而花葉尖薄鮮明瑩徹若瓊瑶然

都勝菊出陳州鵝黄千葉葉形圓厚有雙紋而内外大小重疊相次凡菊無態度者枝葉累之也此菊細枝少葉婣婣有態故以都勝目之

御愛菊出京師或云出禁中一名笑靨一名喜容淡黄

千葉葉有雙紋齊短而濶葉端有兩缺内外鱗次

玉毬菊出陳州多葉白花近蘂微有紅色花外大葉有雙紋瑩白齊長而蘂中小葉如剪茸以玉毬目之者以其有圓聚之形也

玉鈴菊純白千葉中有細鈴

金萬鈴深黄千葉而葉有鐸形或有花密枝褊者謂之鞍子菊實與此花一種

大金鈴深黄有鈴如鐸形花為五出細花下有大葉承

之

銀臺菊出洛陽葉有五出而下有雙紋白葉承之初疑與龍腦菊一種但花形差大且不甚香

棣棠菊出西京深黄雙紋多葉自中至外長短相次如千葉棣棠狀大如諸菊一枝聚生至十餘朶顔色鮮好

蜂鈴菊千葉深黄花形圓小而中有鈴葉擁聚蜂起細視若有蜂窠之狀

鵝毛菊淡黃纖細如毛生於花萼上自內自外葉皆一等但長短上下有次爾

毬子菊深黃千葉尖細重疊皆有倫理一枝之杪聚生百餘花若小毬諸菊最小無過此者

夏金鈴出西京開以六月深黃千葉與金萬鈴相類而花頭瘦小不甚鮮茂蓋以生非時故也

秋金鈴出西京深黃雙紋重葉花中細蘂皆出小鈴萼中其萼亦如鈴葉

金錢菊出西京深黄雙紋重葉似大金菊而花形圓齊頗類滴滴金

鄧州黄單葉雙紋深於鵝黄淺於鬱金中有細葉出鈴蕚上形似鄧州白但差小爾愚齋云本草圖經有鄧州菊花

薔薇菊深黄雙紋單葉如野薔薇有黄細蘂出小鈴蕚中枝榦差細葉有支股而圓

黄二色鵝黄雙紋多葉一花之間自有深淡兩色甚類薔薇菊惟形差小近蘂多有亂葉

甘菊生雍州川澤深黄單葉閭巷之人且能識之固不待記而後見也余竊謂古菊陶淵明張景陽謝希逸潘安仁等或愛其香或咏其色或採於東籬或泛於酒斝疑皆今之甘菊也

酴醿菊出相州純白千葉自中至外長短相次花之大小正如酴醿

玉盆菊出滑州多葉黄心内深外淡而下有闊白大葉連綴承之有如盆盂中盛花狀

鄧州白單葉雙紋白花中有細蘂出鈴蕚中葉皆尖細相去稀疎香比諸菊甚烈蓋鄧州菊潭所出

白菊單葉白花蘂與鄧州白相類但花葉差濶相次圓密而枝葉麁繁人未識者謂為鄧州白後較見其異故譜中别開鄧州白而正其名曰白菊

銀盆菊出西京花中皆細鈴鈴葉之下别有雙紋白葉故謂之銀盆

順聖淺紫出陳州鄧州多葉葉比諸菊最大一花不過

六七葉而每葉盤疊凡三四重花葉空處間有筒葉輔之余所記菊中惟此最大

夏萬鈴出鄜州開以五月紫色細鈴生於雙紋大葉之上按靈寶方曰菊花紫白陶隱居云五月採今此花紫色而開於夏是得時也

秋萬鈴出鄜州千葉淺紫其中細葉盡為五出鐸形而下有雙紋大葉承之

繡毬菊出西京千葉紫花花葉尖濶相次聚生如金鈴

菊中鈴葉之狀

荔枝菊枝紫出西京千葉紫花葉卷為筒謂花葉也凡菊鈴葉有五出皆如鐸鈴之形又有卷生為筒無尖缺者故謂之筒葉大小相間凡菊鈴并蘂皆生托葉之上葉背乃有花蕚與枝相連而此菊上下左右攢聚而生故俗以為荔枝者以其花形正圓故也花有紅者與此同名

垂絲粉紅出西京千葉葉細如茸攢聚相次花下亦無托葉

楊妃菊粉紅千葉散如亂茸而枝葉細小嫋嫋有態

合蟬菊粉紅筒葉花形細者與蘂雜比方盛開時筒之大者裂為兩翅如飛舞狀一枝之杪凡三四花

紅二色出西京千葉深淡紅叢有兩色而花葉之中間生筒葉大小相映方盛開時筒之大者裂為二三與花葉相雜比茸茸然

桃花菊粉紅單葉中有黃蘂其色正類桃花開於諸菊未有之前

自龍腦第一至桃花第三十五皆是依元本之次第也其間銀臺白菊桃花三種不該所開之時惟夏萬鈴開於五月夏金鈴開於六月餘三十種皆於九月開也

敘遺曰余聞有麝香菊者黃花千葉以香得名有錦菊者粉紅碎花以色得名有孩兒菊者粉紅青萼以形得名有金絲菊者紫花黃心以蘂得名嘗訪於好事求於園圃既未之見故特論其名色列於記花之後

補意曰余疑古之菊品未若今日之富也嘗聞於蒔花者云花之形色變易如牡丹之類歲取其變者以為新

令此菊亦疑所變也

吴中品類

吴門老圃史正志撰譜愚齋云公退朝歸休治圃栽菊作此

敘曰菊草屬也以黄爲正是以槩稱黄花所宜貴者苗可以菜花可以藥囊可以枕釀可以飲所以高人隱士籬落畦圃之間不可無此花也陶淵明植於三徑采於東籬裛露掇英汎以忘憂鍾會賦以五美謂圓華高懸準天極也純黄不雜后土色也早植晚發君子德也冒

霜吐穎象貞直也杯中體輕愚按歐陽詢藝文類聚所引作流中輕體神僊食也其為所重如此然品類有數十種而白菊一二年多有變黃者余在二水植大白菊百餘株次年盡變為黃花云云

黃

大金黃心密花瓣大如大錢

小金黃心微紅花瓣鵝黃葉翠大如衆花

佛頭菊無心中邊亦同

小佛頭同上微小又云疊羅黄

金鳌菊比佛頭頗瘦花心微窪

金鈴菊心微青紅花瓣鵝黄色葉小又云明州黄

深色御袍黄心起突色如深鵝黄

淺色御袍黄中深

金錢菊心小花瓣稀

毬子黄中邊一色突起如毬子

棣棠菊色深黄如棣棠狀比甘菊差大

上頁圖

大豆圖（局部）

宋　佚名（傳任仁發）　設色絹本　縱 39 厘米　橫 43 厘米

任仁發（一二五四—一三二七），字子明，號月山。畫家、水利家。擅長畫人物與馬，與趙孟頫齊名，代表作有《二馬圖》《五王醉歸圖》等。

此圖構圖簡約，從右角折出一枝豆苗，綠葉中點出一朵紫色豆苗花，一隻蜻蜓落在枝葉之上，翅膀用筆勾勒細緻，隱現出青翠的綠葉，可見畫師畫工之深厚。

下頁圖

折枝果圖頁（局部）

宋　佚名　設色絹本　縱 52 厘米　橫 46 厘米

此圖從右下角折出一枝柿枝，枝頭掛有兩個沉甸甸的青柿，樹枝折而不亂。葉子用筆舒緩，勾線靈活，葉片主筋挺拔，使得整個畫面顯得靈動活潑。

跨頁圖

花卉雙禽圖（局部）

宋　佚名　設色絹本　縱66厘米　橫72厘米

此圖繪雙雀立在枝頭之上，枝頭兩端開有淡色的花朵，黃色的花蕊清晰可見。雙雀用筆細膩，使用淡墨勾勒，鳥腿用沒骨法，抓在枝頭之上，顯得蒼勁有力。

甘菊色深黄比棣棠頗小

野菊細瘦枝柯凋衰多野生亦有白者

白

金盞銀臺心突起深黄四邊白

樓子佛頂心大突起似佛頂四邊單葉

添色喜容心微紅花瓣密且大

纓枝菊花瓣薄開過轉紅色

玉盤菊黄心突起淡白緣邊

單心菊細花心瓣大

樓子菊層層狀如樓子

萬鈴菊心茸茸突起花多半開者如鈴

腦子菊花瓣微縐縮如腦子狀

荼蘼菊心青黃微起如鵝黄淺色

雜色紅紫

十様菊黄白雜様亦有微紫花頭小

桃花菊花瓣全如桃花秋初先開色有淺深深秋亦有

白者

芙蓉菊狀如芙蓉亦紅色

孩兒菊紫萼白心茸茸然葉上有光與他菊異

夏月佛頂菊五六月開色微紅

後敘曰花有落者有不落者蓋花瓣結密者不落盛開之後淺黃者轉白而白色者漸轉紅枯于枝上花瓣扶踈者多落盛開之後漸覺離披遇風雨撼之則飄散滿地矣云云

石湖品類

石湖范成大撰譜并序

山林好事者或以菊比君子其說以為歲華晼晚草木變衰乃獨煜然秀發傲睨風露此幽人逸士之操雖寂寥荒寒而味道之腴不改其樂者也神農書以菊為養性上藥能輕身延年南陽人飲其潭水皆壽百歲使夫人者有為於當年醫國庇民亦猶是而已菊於君子之道誠有臭味哉云云

黄花

勝金黄一名大金黄菊以黄為正此品最為豐縟而加輕盈花葉微尖但條梗纖弱難得團簇作大本須留意扶植乃成

疊金黄一名明州黄又名小金黄花心極小疊葉穠密狀如笑靨花有富貴氣開早

棣棠菊一名金鎚子花纖穠酷似棣棠色深如赤金它花色皆不及蓋奇品也枓株不甚高金陵最多

疊羅黃狀如小金黃花葉尖瘦如剪羅縠三兩花自作一高枝出叢上意度蕭灑

麝香黃花心豐腴傍短葉密承之格極高勝亦有白者大略似白佛頂而勝之遠甚吳中比年始有

千葉小金錢略似明州黃花葉中外疊疊整齊心甚大

太真黃花如小金錢加鮮明

單葉小金錢花心尤大開最早重陽前已爛漫

垂絲菊花蘂深黃莖極柔細隨風動揺如垂絲海棠

鴛鴦菊花常相偶葉深碧

金鈴菊一名荔枝菊舉體千葉細瓣簇成小毬如小荔枝枝條長茂可以攬結江東人喜種之有結為浮圖樓閣高丈餘者余頃北使過欒城其地多菊家家以盆盎遮門悉為鸞鳳亭臺之狀即此一種

毬子菊如金鈴而差小二種相去不遠其大小名字出於栽培肥瘠之别

小金鈴一名夏菊花如金鈴而極小無大本夏中開

藤菊花密條柔以長如藤蔓可編作屏障亦名棚菊種之坡上則垂下裊數尺如纓絡尤宜池潭之瀕愚齋按沈氏菊譜後有補遺云吉州太和有菊蔓生各一丈黄土人引以為屏

十樣菊一本開花形模各異或多葉或單葉或大或小或如金鈴往往有六七色以成數通名之曰十樣衢嚴閒花黄杭之屬邑有白者

甘菊一名家菊人家種以供蔬茹凡菊葉皆深緑而厚味極苦或有毛惟此葉淡緑柔瑩味微甘咀嚼香味

俱勝擷以作羹及泛茶極有風致天隨子所賦即此種花差勝野菊甚美本不繁花

野菊旅生田野及水濵花單葉極瑣細

白花

五月菊花心極大每一鬚皆中空攢成一匾毬子紅白單葉繞承之每枝只一花徑二寸葉似同蒿夏中開近年院體畫草蟲喜以此菊寫生

金杯玉盤中心黄四傍淺白大葉三數層花頭徑三寸

菊之大者不過此本出江東比年稍移栽吴下此與五月菊二品以其花徑寸特大故列之於前

喜容千葉花初開微黄花心極小花中色深外微暈淡欣然丰艶有喜色甚稱其名久則變白尤耐封殖可以引長七八尺至一丈亦可攬結白花中高品也

御衣黄千葉花初開深鵝黄大略似喜容而差踈瘦久則變白

萬鈴菊中心淡黄鎚子傍白花葉繞之花端極尖香尤

清烈

蓮花菊如小白蓮花多葉而無心花頭疎極蕭散清絶一枝只一葩緑葉亦甚纖巧

芙蓉菊開就者如小木芙蓉尤穠盛者如樓子芍藥但難培植多不能繁蕪

茉莉菊花葉繁縟全似茉莉緑葉亦似之長大而圓淨

木香菊多葉略似御衣黄初開淺鵝黄久則淡白花葉尖薄盛開則微卷芳氣最烈一名腦子菊

酴醿菊細葉稠疊全似酴醿比茉莉差小而圓

艾葉菊心小葉單緑葉尖長似蓬艾

白麝香似麝香黄花差小亦豐腴韻勝

白荔枝與金鈴同但花白耳

銀杏菊淡白時有微紅花葉尖緑葉全似銀杏葉

波斯菊花頭極大一枝只一葩喜倒垂下久則微捲如髮之鬈

佛頂菊亦名佛頭菊中黄心極大四傍白花一層繞之

初秋先開白色漸沁微紅

桃花菊多葉至四五重粉紅色濃淡在桃杏紅梅之間未霜即開最為妍麗中秋後便可賞以其質如白之受采故附白花

燕脂菊類桃花菊深紅淺紫比燕脂色尤重比年始有之此品既出桃花菊遂無顏色蓋奇品也姑附白花之後

紫菊一名孩兒菊花如紫茸叢茁細碎微有菊香或云

即澤蘭也以其與菊同時又常及重九故附於菊

百菊集譜卷一

百菊集譜卷二

宋 史鑄 撰

諸州及禁苑品類

吳人沈競撰譜元本列為六篇愚今乃分入集譜諸門

潛山朱新仲有菊坡所種各分品目玉盤盂與金鈴菊其花相次又有春菊花小而微紅者有佛頭菊花不作瓣而為小箭樣者有枇杷菊葉似枇杷花似金盞

銀盤而極大却不甚香有丁香菊花小而外紫内白者至今舒州菊多品如蜂兒菊者鵝黄色水晶菊者花面甚大色白而透明又有一種名茉莉菊者初開花小四瓣如茉莉既開花大如錢

潛江品類甚多有鋪茸菊色緑其花甚大光如茸二月間開

今臨安有大笑菊其花白心黄葉如大笑或云即枇杷菊

頃在長沙見菊亦多品如黄色曰御愛笑靨孩兒黄滿堂金小千葉丁香壽安真珠白色曰疊羅艾葉毬白餅十月白孩兒白銀大而色紫者曰荔枝菊又有五月開者

他處有所謂十樣菊者一叢之上開花凡十種如大金錢小金錢金盞銀盤則在在有之

如婺州則有銷金北紫菊紫瓣黄沿銷銀黄菊黄瓣白沿有乾紅菊花瓣乾紅四沿黄色即是銷金菊三菊

乃佛頭菊種也

浙間多有荷菊日開一瓣開足成荷花之形衆菊未開則不開衆菊已謝則不謝又有腦子菊其香如腦子花色黄如小黄菊之類又有茱萸菊麝香菊水僊菊水僊者即金盞銀臺也

金陵有松菊枝葉勁細如松其花如碎金層出于密葉之上予在豫章嘗見之

臨安西馬城一作塍園子每歲至重陽謂之鬬花各出奇

異有八十餘種予不暇悉求其名有為予於禁中大園子得菊品近六十種多與外間同名者姑次第之

御袍黃菊（大花頭）　御衣黃（小花頭）

白佛頭（花早）　黃佛頭（花晚）

黃新羅　白新羅

戴笑菊（即大笑菊）　橙子菊

薔薇菊　茉莉菊

櫨子菊（花小色黃香如櫨子）　大金錢

小金錢　金盞銀臺

金盞金臺　明州黃

泰州黃　黃素馨

白素馨　黃木香

白木香　牡丹菊

黃酴醿　白酴醿

大金黃　小金黃

夏菊花與佛頭一同五月開　桃花菊八月開

銷金菊　金鈴菊

蹙線菊　燕脂菊

白喜容　黄喜容

黄笑靨　白笑靨

金井銀欄　金井玉欄

鵝兒菊　棣棠菊

丁香菊　萬鈴菊蘇州出高枝兒

玉盆菊　鐵脚黄鈴

黑葉兒 輕黄菊

黄纏枝 白纏枝

勝金黄 賽金錢

早紫菊四月 旱蓮菊

團圓菊 柳條菊

枝亭菊枝梗甚長用杖子撑即籬菊一丈黄 鞍子菊雙心兒韋長

碧蟬菊青色 鈸兒菊一種紫梗開早一種青梗開晚

越中品類

山陰菊隱史鑄撰譜以下諸菊之次第所排近似失序此蓋粗以形色之高下而為列非徒狥名而已比之前後二目不同○凡菊之開其形色有三節不同謂始中末也今譜中所紀多紀其盛開之時

黃色

勝金黃花頭大過折二錢明黃瓣青黃心瓣有五六層花片比大金黃差小上有細脉枝杪凡三四花一枝之中有少從蘂顏色鮮明玩之快人心目

大金錢開遲大僅及折二心瓣明黃一色其瓣五層此

花不獨生於枝頭乃與葉層層相間而生香色與態度皆勝

金絲菊花頭大過折二深黃細瓣凡五層一簇黃心甚小與瓣一色顔色可愛名為金絲者以其花瓣顯然起紋絡也十月方開此花根荄極壯

小金黃花頭大如折二心瓣黃皆一色開未多日其瓣鱗鱗六層而細態度秀麗經多日則面上短瓣亦長至於整整而齊不止六層蓋為狀先後不同也如此

綠葉頗小

密友菊花頭大過折三明黄濶片花瓣形色不在諸品之下初開時長短不齊開及其盛乃齊至於六層其中如抽芽數條短短小心與瓣為一色狀如春間黄

密友花科株低矮綠葉最繁密見霜則周圍葉綠變紫色

橙菊亦名金毬菊此品花瓣與諸菊絕異含蘂之時狀如粉團菊黄色不甚深其瓣成筩排竪生於萼上後乃開作小片婉孌至於成團衆瓣之下又有統裙一層承

之亦猶橙皮之外包也其中無心愚齋云據愚視之橙黄菊與粉團菊必是一種但橙小粉大及色異耳

大金黄花頭大如折三錢心瓣黄皆一色其瓣五六層花片亦大一枝之杪多獨生一花枝上更無從蘂緑葉亦大其梗濃紫色

側金盞此品類大金黄其大過之有及一寸八分者瓣有四層皆整齊花片亦濶大明黄色深黄心一枝之杪獨生一花枝中更無從蘂名以側金盞者以其花

大而重欹側而生也綠葉亦大其梗淡紫

小金錢開早大於小錢明黃瓣深黃心其瓣齊齊三層花瓣展其心則舒而為筩

御愛黃花頭大如小錢淡黃色其狀與御袍黃相類但此花瓣頗細凡五六層向上二三層黃色鮮明向下層則色帶微白層層鱗次不齊心乃明黃色其細小料十餘縷耳

御袍黃花頭大如小錢淡黃色其狀略觀之與御愛黃相類但此花瓣頗濶凡五層此色上下層同上下層層稍齊

心乃深黄色比之御愛黄細視則不同況此心又有大小之别

黄佛頭花頭不及小錢明黄色狀如金鈴菊中外不辨心瓣但見混同純是碎葉突起甚髙又如白佛頭菊之黄心也

九日黄大如小錢黄瓣黄心心帶微青瓣有三層狀類小金錢但此花開在金錢之前也開時或有不甚盛者惟地土得宜方盛 緑葉甚小枝梗細瘦

黄寒菊花頭大如小錢心瓣皆深黄色瓣有五層甚細開至多日心與瓣併而為一不止五層重數甚多聳突而高其香與態皆可愛狀類金鈴菊差大耳

荔枝菊花頭大於小錢明黄細瓣層層鱗次不齊中央無心鬚乃簇簇未展小葉至開遍凡十餘層其形頗圓故名荔枝菊其香清甚姚江士友云其花黄狀似

楊梅

茱萸菊瓣葉莖榦頗類茱萸開亦同時瓣背紅面黄瓣

展則外暈黄而内暈紅既徹則一黄菊有實色久而愈豔

茉莉菊花頭巧小淡淡黄色一蘂只十五六瓣或至二十片一點緑心其狀似茉莉花不類諸菊葉即菊也每枝條之上抽出十餘層小枝枝皆簇簇有蘂

艾菊花頭似棣棠菊而稍大瓣餘似荔枝菊而稍禿開於九日前外暈金黄内暈焦黄久而愈豔朶垂其色不變

金鈴菊花頭甚小如鈴之圓深黄一色其幹之長與人等或言有高近一丈者可以上架亦可蟠結為塔故又名塔子菊一枝之上花與葉層層相間有之不獨生於枝頭綠葉尖長七出凡菊葉多五出例皆不該

甘菊陶隱居云菊有兩種一種莖紫氣香而味甘一種青莖作蒿艾氣而味苦日華子亦云菊有兩種花大氣香莖紫者為甘菊花小氣烈莖青者名野菊楊損之云甘者入藥苦者不任史氏譜云甘菊色深黄野

菊枝柯細瘦劉氏譜云甘菊深黄單葉閭巷人能識之固不待記而知竊謂古菊陶淵明等採於東籬泛於酒斝疑皆今之甘菊也今據本草諸書所載二者較然可見矣

滴滴金也夏菊 花頭巧小或有如折二大者蓋所産之地不同也花瓣最細凡二三層明黄色心乃深黄中有一點微緑自六月開至八月俗説遍地生苗者由花梢頭露水滴而出也故名滴滴金予嘗與好事者斸

地驗其根其根却無聯屬方知此說不妄

野菊亦有三兩種花頭甚小單層心與瓣皆明黃色枝莖極細多依倚他草木而長上聲綠葉七出又有一種其花初開心如旱蓮草開至涉日則旋吐出蜂鬚周圍蒙茸然如蓮花鬚之狀枝莖頗大綠葉五出吾鄉能仁寺側府城墻上最多

白色

九華菊此品乃淵明所賞之菊也今越俗多呼為大笑其瓣兩層者本曰九華白瓣黃心花頭極大有闊及

二寸四五分者其態異常為白色之冠香亦清勝枝葉踈散九月半方開昔淵明嘗言秋菊盈園其詩集中僅存九華之一名今以重瓣大笑為九華此得於諸士友之説凡畦丁卒皆不知若姚江士夫又稱九華為大佛頂○或謂九華緑葉與諸菊葉不相類疑非菊之正品然愚嘗觀本草圖經所畫鄧州菊衡州菊此二名品亦皆是混淨之葉未見其有出稜角者且古人別菊惟在於臭味豈拘拘論其葉哉

大笑菊白瓣黄心本與九華同種其單層者為大笑花頭差小不及兩層者之大其葉類栗木葉亦名栗葉

菊

佛頂菊大過折二或如折三單層白瓣突起淡黃心初如楊梅之肉蕾後皆舒為筩子狀如蜂窠末後突起甚高又且最大枝榦堅麄葉亦麄厚又名佛頭菊一種每枝多直生上只一花少有旁出枝○一種每一枝頭乃分為三四小枝各一花

淮南菊先得一種白瓣黃心瓣有四層上層抱心微帶黃色下層黯淡純白大不及折二枝頭一簇六七花後又得一種淡白瓣淡黃心顏色不相染心瓣有四

層一枝攢聚六七花其枝杪六花如六面仗鼓相抵然惟中央一花大於折三餘者稍小予視之疑非一種園丁乃言所産之地力有不同也大率此花自有三節不同初開花面微帶黄色中節變白至十月開過見霜則變淡紫色且初開之瓣只見四層開至多日乃至六七層花頭亦加大焉

酴醿菊花頭小細葉稠疊全似酴醿比茉莉菊差小而圓在白色諸品中與木香菊波斯菊銀杏菊玉梅菊

並巧爭妍

木香菊大過小錢白瓣淡黄心瓣有三四層頗細狀如春架中木香花又如初開纒枝白但此花頭舒展稍平坦耳亦有黄色者

粉團菊亦名玉毬菊此品與諸菊絶異含蘂之時淺黄色又帶微青花瓣成筩排竪生於蕚上其中央初看一似無心狀如橙菊盛開則變作一團純白色其形甚圓其香頗烈至白瓣彫謝方見瓣下有如心者甚大其

白瓣皆匳匝出於上也經霜則變紫色尤佳綠葉甚麄其梗柔弱

玉毬菊多葉白花近蘂微有紅色花外大葉有雙紋瑩白齊長而蘂中小葉如剪茸初開時有青殼久乃退去盛開後小葉舒展皆與花外長葉相次倒垂

蓮花菊如小白蓮花頭極踈一枝只一葩蕭散清絶初開則短至多日則攢出近於齊長巧小淡黃心瓣凡五層開至末後則瓣增多至於七層側看如千葉白

蓮其態秀麗枝條婀娜其葉稍密亦名甌子菊見霜則色變淡紫

玉甌菊或言甌子菊即纏枝白菊也其開層數未及多者以其花瓣環拱如甌盞之狀也至十月經霜則變紫色

金盞銀臺大如折二此以形色而為名也惟初開似之爛開則其狀輒變

寒菊大過小錢短白瓣開多日其瓣方增長明黃心心

乃攢聚碎葉突起頗高枝條柔細十月方開

徘徊菊淡白瓣黄心色帶微緑瓣有四層初開時先吐瓣三四片只開就一邊未及其餘開至旬日方及周徧花頭乃見團圓按字書徘徊為不進此花之開亦若是矣其名不妄十月初方開或有一枝花頭多者至攢聚五六顆近似淮南菊

銀盤菊白瓣二層黄心突起頗高花頭或大或小不同想因其地有肥瘠之故也

輪盤菊多葉黄心内深外淡下有濶白大葉連綴承之

紅色

桃花菊又名桃紅菊花瓣如桃花粉紅色一蘂凡十三四片開時長短不齊經多日乃齊其心黄色内帶微緑此花韻之無香惟撚破聞之方知有香至中秋便開開至十餘日漸變為白色或生青蟲食其花片則衰矣其緑葉甚細小

繡菊蓓蕾如栗其花抱蔕初開殷紅既開鮮紅漸作紅

黄花瓣短而密徑可二寸有半瓣下覆如毬心蕚黄甚

石菊即古之大菊也花瓣五出有紫色者有深紅色者有深紅粉緑者各有種也其蕚長而小其莖有節其葉亦頗類竹故又名石竹諸色皆自五月而開或有開遲者至七月方開惟紫色者開至八九月方衰衰即結實或云石菊結實為蘧麥愚按爾雅云大菊蘧麥也本草云瞿麥一名大菊陶隱居云一莖生細葉花紅紫赤可愛子頗似麥

日華子云又名石竹本草圖經曰生泰山及淮甸今處處有之苗高一尺以來葉尖小二月至五月開七月結實頗似麥故名之予以本土所產石菊參照爾雅本草所言大菊之形色固相似矣然本土所產者初未審有實無實為疑遂問諸老圃皆云未嘗有結實者至甲辰八月予於僧舍見紫色一種就摘花瓣脫盡一殘蕚撚破驗其子之有無其中果有一粒如細麥者存焉粒中仍有如粞之一痕易為辨認次以摘花瓣未脫者一蕚亦撚破驗之其中所存者與前一同陶隱居又云立秋採實實中子至細故予今撚破其蕚以視實復撚破其實以視中有何物果見有如鯫子者細不可數也予初為老圃所惑故詳記之按劉蒙說疑曰瞿麥為大菊此乃妄濫竊名者皆所不取愚齋亦云此品石菊初

以其花與蘂比之諸品不同且顏色夭冶兼乏芬馥清致當以格外菊處之亦列此名於濫號品中後考結實有據乃知即古之大菊也竊以爾雅本草既載其名其來也遠以是論之非所宜輕於是陞於正品紅色之後云

濫號

孩兒菊白瓣黃心其狀與諸菊迥然不同自七月開至九月其葉甚纖按劉氏譜其後敘遺乃言孩兒菊粉紅色如此則比越中所有者不同也按史氏譜入此於紅紫品中愚今以本土所出者品格最下兼之無

香可取故降於是也或言此花與葉既不類菊而世俗皆呼為孩兒菊者何也予意其名以孩兒者為品卑微之謂也呼以為菊者歟榮能久之謂也或謂此花本名鵝兒菊

假名

春菊蒿萊花是也三月末開花頭大及二寸金彩鮮明不減於菊東嶽社會日人取以粧花檐花籃即此物也

紫菊馬蘭花是也八九月開大觀本草云生澤傍北人見其花呼為紫菊以其花似菊而紫也玉峯先生汪

擇善詩集又以旱蓮亦名紫菊有詩一篇愚竊謂此二花其物性不同以馬蘭花為菊而馬蘭亦有療疾之功使其名益著可也以旱蓮為菊胡不知有害人之毒事見博聞録黜其名可也

觀音菊天竺花是也此非南天竺或呼為落帚花亦非也落帚别是一種自五月開至七月花頭細小其色純紫枝葉如嫩柳其幹之長與人等或呼為觀音菊蓋取錢塘有天竺觀音之義也

繡線菊厭草花是也花頭碎紫成簇而生心中吐出素縷如線之大自夏至秋有之俗呼為厭草花或云若人帶此花賭博則獲其勝故名之古有厭勝法

列諸譜外之菊一十名愚皆記其所得之自今盡類入卷首之品目

九華菊見靖節先生集此一品今新入越譜

淩風菊黃色見山谷詩

柑子菊黃色見陳後山詞

楊妃裙黃色見徐仲車詩

蠟梅菊見聞人善言菊鄉公暇集

朝天菊見洪氏瓊野録

珠子菊白色見本草註云南京有一種開小花花瓣下如小珠子

丹菊見初學記嵇含菊銘云煌煌丹菊暮秋彌榮

鷺鷥菊士友云嚴州多菊此品嚴州有之花如茸毛純白色中心有一叢簇起如鷺鷥頭

襄陽紅士友云並蒂雙頭亦一種菊也九江彭澤有之

今榮王府皇弟大王居邸之側有園曰瓊圃池曰瑤沼皆賜御書為扁如園內異菊尤為不少但未得其名當

俟他日列之

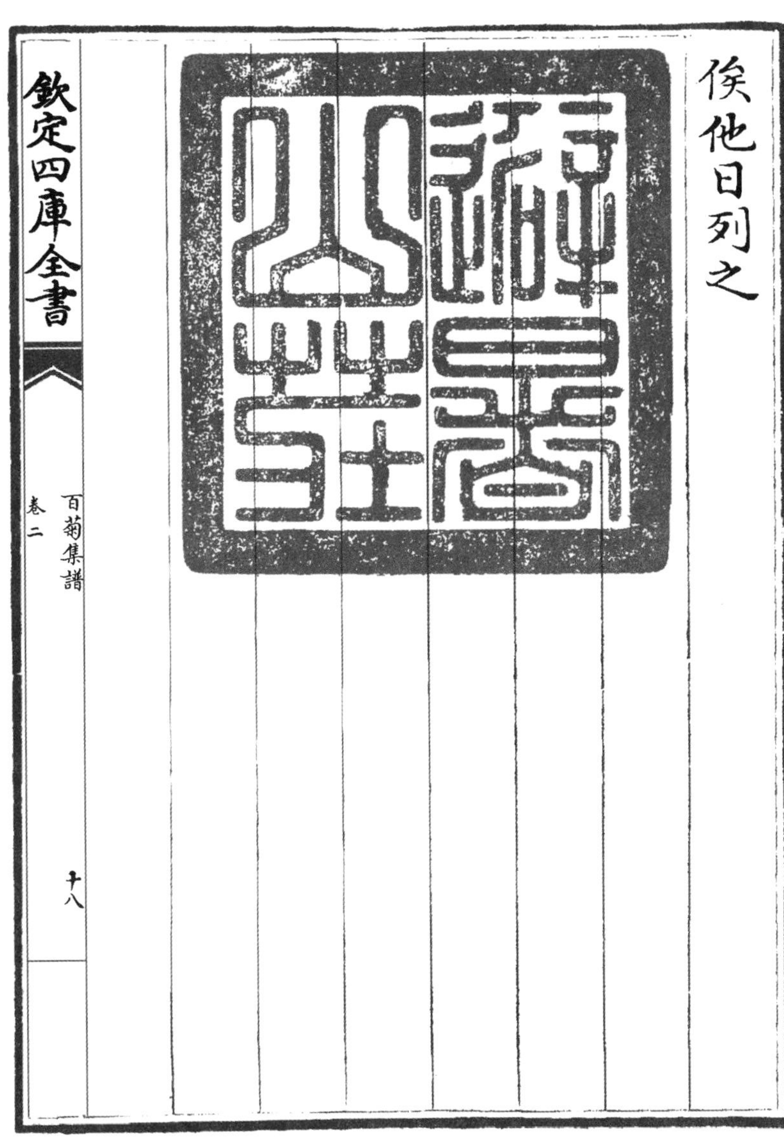

百菊集譜卷二

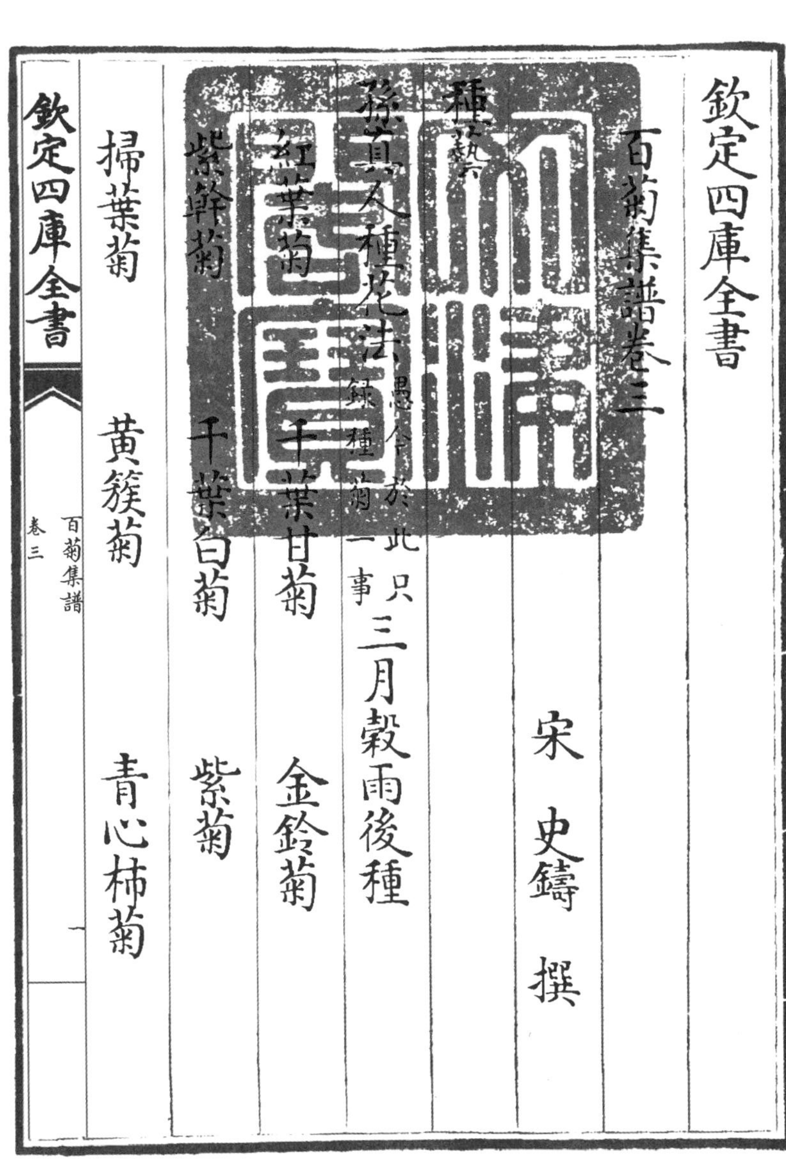

欽定四庫全書

百菊集譜卷三

宋 史鑄 撰

種藝

孫真人種花法 愚今於此只錄種菊一事 三月穀雨後種

紅葉菊　千葉甘菊　金鈴菊

紫幹菊　千葉白菊　紫菊

掃葉菊　黃簇菊　青心柹菊

五色菊　　蓮子菊　　大黄金菊

范石湖云吳下老圃伺春苗尺許時掇去其顛數日則岐出兩枝又掇之每掇益岐至秋則一幹所出數百千朶婆娑團欒如車蓋熏籠矣人力勤土又膏沃花亦為之屢變

沈莊可譜云吳門菊自有七十二種春分前以根中發出苗裔用手逐枝柯擘開每一柯種一株後長及一尺則以一尺高籃蓋覆每月遇九日有出籃外者則

去其腦至秋分則不去矣夏間每日清水澆灌遇夜

去其籃承露至早復蓋不可使乾枯如此之後結蘂

則平齊矣

沈譜云予在豫章見菊多有佳者嘗問之園丁則云菊

每歳以上已前後數日分種失時則花少而葉多如

不分置他處非惟叢不繁茂往往一根數幹一幹之

花各自别様所以命名不同菊開過以茅草裹之得

春氣則其舊年柯葉復青漸長成其樹但次年不着

花第二年則接續着花仍不畏霜矣

梅雨時收菊叢邊小株分種俟其茂則摘去心苗欲其成小叢也秋到則不摘見鎖碎録後二段同

黄白二菊各披去一邊皮用麻皮扎合其開花則半黄半白

菊花大蘂未開逐蘂以龍眼殼罩之至欲開時隔夜以硫黄水灌之次早去其罩即大開

大笑菊及佛頂菊御愛黄至穀雨時以其枝揷於肥地

亦能活愚嘗試之至秋亦著花

種菊所宜向陽貴在高原其根惡水不宜久雨久雨可於根傍加泥令高以泄水

分種小株宜以糞水酵土而壅之則易盛按劉君蒙亦有栽鉏糞養之説

菊宜種園蔬内肥沃之地如欲其淨則澆壅搭肥糞而用河渠之泥

種菊之地常要除去蜒蚰則苗葉免害

故事

續齊諧記汝南桓景隨費長房遊學數年長房忽謂之曰九月九日汝家有災厄可速去令家人各作絳囊盛茱萸繫臂登高飲菊花酒禍乃可消景如其言舉家登山夕還見牛羊雞犬皆暴死焉

魏文帝與鍾繇書云歲往月來忽復九月九日九為陽數而日月並應俗嘉其名以為宜於長久故以享宴高會是月律中無射言群草庶木無有射地而生於

芳菊紛然獨榮榮作秀一非夫含乾坤之淳和體芬芳之淑氣孰能如此故屈原悲冉冉之將老思飡秋菊之落英輔體延年莫斯之貴謹奉一束以助彭祖之術

檀道鸞續晉陽秋陶潛九月九日無酒於宅籬畔菊叢中摘花盈把而坐悵望久之見白衣人至乃江州太守王弘送酒即便就酌醉而後歸昭明太子撰傳作滿手把菊

唐書李適為學士凡天子饗會游豫唯宰相及學士得從秋登慈恩浮圖獻菊花酒稱壽

唐韋表微授監察御史裏行不樂曰爵禄譬滋味也人皆欲之吾年五十拭鏡撏白髩游少年間取一班一級不見其味也將為松菊主人不愧陶淵明云

唐韋綬德宗時為翰林學士以心疾還第九月九日帝作黄菊歌顧左右曰安可不示韋綬即遣使持往綬遽奉和附進

列僊傳文賓取嫗數十年輒棄之後嫗老年九十餘續見賓年更壯拜泣至正月朝會鄉亭西社中賓教令

服菊花地膚桑上寄生松子以益氣嫗亦更壯復百餘歲

神僊傳康風子服菊花栢實乃得僊

名山記道士朱孺子吴末入玉笥山服菊草乘雲升天

雜說

禮記月令季秋之月鞠有黄華注記時候也

周禮王后六服中有鞠衣注黄衣也色如鞠塵象桑葉始生禮記季春天子薦鞠衣于先帝注鞠衣黄桑之

服陸德明禮記釋文鞠衣居六切如菊華也又去六切如麴塵

爾雅鞠治蘠注今之秋華菊

山海經中山經云岷山之首曰女几之山其草多菊

陸農師埤雅云鞠草有華至此而窮焉故謂之鞠一曰鞠如聚金鞠而不落故名鞠

本草云菊花一名節華一名日精一名更生一名周盈一名傅延年一名陰成愚齋云謂採後陰乾取成日合藥故名之

應劭風俗通曰南陽酈縣有甘谷谷水甘美云其山上大有菊水從山上流下得其滋液谷中有三十餘家不復穿井悉飲此水上壽百二三十中百餘下七八十者孜之本草菊花輕身益氣故也司空王暢太尉劉寬太尉袁隗為南陽太守聞有此事令酈縣月送水二十斛用之飲食諸公多患風眩皆得愈

抱朴子僊藥篇云南陽酈縣山中有甘谷水谷水所以甘者谷上左右皆生甘菊菊花墮其中歷世彌久故

水味爲變其臨此谷居民皆不穿井悉食甘谷水食者無不老壽髙者百四五十歲下者不失八九十無夭年人得此菊力也

荆州記酈縣菊水太尉胡廣久患風羸弱汲此水後疾遂瘳年近百歲非唯天壽亦菊延之此菊甘美廣後收菊播之京師處處傳植

東漢胡廣傳注引盛弘之荆州記曰菊水出穰縣芳菊被涯水極甘香谷中皆飲此水上壽百二十如七八

十者猶以為夭太尉胡廣所患風疾休沐南歸恒飲此水後疾遂瘳年八十二薨愚齋云按九域志鄧州南陽郡有穰縣不該酈縣按廣韻酈縣在南陽

西京雜記戚夫人侍兒賈佩蘭說在宫内時九月九日佩茱萸食蓬餌飲菊花酒令人長壽菊花舒時并採莖葉雜黍米釀之密封置室中至來年九月九日始熟就飲焉

寶櫝記云宣帝異國貢紫菊一莖蔓延數畝味甘食者

至死不饑渴

風土記曰精治蘠皆菊之花莖别名也生依水邊其花煌煌霜降之節唯此草盛茂九月律中無射俗尚九日而用候時之草也

僊書茱萸為辟邪翁菊花為延壽客故假此二物以消陽九之厄𡨥

唐馮贄雲僊散録引蠻甌志云白樂天方入關劉禹錫正病酒禹錫乃餽菊苗齏蘆菔鮓換取樂天六班茶

上頁圖

果熟來禽圖（局部）

宋　林椿　設色絹本　縱 26.9 厘米　橫 27.32 厘米　現藏於北京故宮博物院

此圖中成熟的果實掛在枝頭之上，破損的枝葉顯示著已有蟲兒光顧。一隻黃雀背向果實，似在飽嘗了果子之後振翅起飛。畫者以活潑的筆法展現了黃雀的情態，極具寫實風格。

下頁圖

臘梅雙禽圖（局部）

宋　趙佶　設色絹本　縱 25.8 厘米　橫 26.1 厘米　現藏於四川博物院

此圖中一枝臘梅從松枝中穿插而出，一隻山雀棲於枝頭之上，一朵白色的梅花開在山雀之旁，構圖和諧，別有趣味。

跨頁圖

秋葵圖（局部）

宋　佚名　設色絹本　縱 25 厘米　橫 28 厘米

此圖以一株秋葵為主，一株兩朵，盛開的花與稀疏的枝葉形成了對比，佈局緊湊。碩大的花冠立在纖弱的莖幹之上，似花在風中搖曳，充分展現了秋葵的形態。

二囊以醒酒

牧豎閒談云蜀人多種菊以苗可入菜花可入藥園圃悉植之郊野人多採野菊供藥肆頗有大誤真菊延齡野菊瀉人

孟元老東京夢華録重九都下賞菊菊有數種有黄白色蘂若蓮房曰萬鈴菊粉紅色曰桃紅菊白而檀心曰木香菊黄色而圓曰金鈴菊純白而大曰喜容菊無處無之酒家皆以菊花縛成洞戸

陳欽甫提要録東坡云嶺南氣候不常菊花開時乃重陽凉天佳月即中秋不須以日月為斷也十月初吉菊始開乃與客作重九因次韻淵明九月九日詩云今日我重九誰謂秋冬交黄花與我期草中實後凋

香餘白露乾色映青松高苕溪漁隱曰江浙間每歲重陽往往菊亦未開不獨嶺南為然蓋菊性耿介須待草木黄落方於霜中獨秀

東坡仇池筆記云菊黄中之色香味和正花葉根實皆

長生藥也北方隨秋早晚大略至菊有黃花乃開嶺南冬至乃盛地暖百卉造作造一作迭無時而菊獨後開考其理菊性介烈不與百卉並盛衰須霜降乃發嶺南常以冬至微霜也僊姿高潔如此宜其通僊靈也

東坡記菊帖云嶺南地暖而菊獨後開考其理菊性介烈須霜降乃發而嶺海常以冬至微霜故也吾以十一月望與客泛菊作重九書此為記

東坡贈朱遜之詩序云元祐六年九月與朱遜之會議

于頵或言洛人善接花歲出新枝而菊品尤多遜之曰菊當以黄為正餘可鄙也

沈譜云如周濂溪則以菊為花之隱逸者稱之

沈譜云舊日東平府有溪堂為郡人游賞之地溪流石崖間至秋州人泛舟溪中採石崖之菊以飲每歲必得一二種新異之花

九域志鄧州南陽郡土貢白菊三十斤

本草圖經有衡州菊花鄧州菊花

越州圖經菊山在蕭山縣西三里山多甘菊

吴致堯九疑考古云舂陵舊無菊自元次山始植沈譜云次山作菊圃記云在藥品是為良藥為蔬菜是佳蔬也

洪景盧夷堅辛志成都府學學有神曰菊花僊相傳為漢宫女諸生求名者往祈影響神必明告愚齋云漢宫女謂在漢宫飲菊花酒者或云成都府漢文翁石室壁間畫一婦人手持菊花前對一猴號菊花娘子大比之歲士人多乞夢頗有靈異

王龜齡云鄂渚少黄花有白菊

釋典云拘蘇摩華其華白色大小如錢似此白菊也

按諸字書菊之字有五其體雖異而用則同蘜見說文蘜見爾雅亦見說文鞠見三禮菊見篇韻今人多從簡用之

愚齋云諸菊得名或以色或以香或以形狀其義非一皆明而可知惟九華一古名初莫知其義今按晉宋以前淵明而上漢有九華殿魏有九華臺二者於菊皆不聞有事迹相關惟真誥載吳有趙廣信至魏末賣藥鍊九華丹丹成遂乘雲駕龍登天又漢天師家

傳云真人入鹿堂山煉九昂神丹遷平蓋山煉九華大藥注曰服此成僊愚意其菊之為名必比擬於此何則蓋白菊久服則輕身延壽亦至成僊故也士友云恐此菊出於九華山故有是名愚竊謂不然且池州九華之名始於李白於晋時絶無干涉

方術

神農本草云菊花味苦主頭風頭眩目淚出惡風濕痺久服利血氣輕身延年

名醫别録云菊花味甘無毒療腰痛去來除胷中煩熱

陶隱居云菊有兩種一種莖紫氣香而味甘葉可作羹食者為真一種青莖而大作蒿艾氣味苦不堪食者名苦薏其花相似唯以甘苦別之爾又有白菊亦主風眩能令頭不白僊經以為妙用

陳藏器云白菊味苦主風眩變白不老益顔色楊損之云甘者入藥苦者不任

日華子云菊花治四肢遊風利血脉并頭痛作枕明目葉亦明目生熟並可食菊有兩種花大氣香者為甘

菊花小氣烈者名野菊然雖如此園蔬内種肥沃後同一體

本草圖經曰菊花生雍州川澤及田野今處處有之以南陽菊潭者為佳初春布地生細苗夏茂秋花冬實正月採根三月採葉五月採莖九月採花十一月採實皆陰乾用南陽菊亦有黄白二種今服餌家多用白者

白菊酒法春末夏初收軟苗陰乾擣末空腹取一方寸

乜和無灰酒服之若不飲酒者但和羮粥汁服之亦得秋八月合花收暴乾切取三大斤以生絹囊盛貯浸三大㪷酒中經七日服之今諸州亦有作菊花酒者其法得於此

玉函方云王子喬變白增年方甘菊三月上寅日採名曰玉英六月上寅日採名曰容成九月上寅日採名金精十二月上寅日採名曰長生長生者根莖是也四味並陰乾百日取等分以成日合擣千杵為末酒

調下一錢七以密丸如桐子大酒服七丸一日三服百日身輕潤澤服之一年髮白變黑服之二年齒落再生服之三年八十歲老人變為童兒神效以上並見大觀本草

抱朴子劉生丹法用白菊汁蓮花汁和丹蒸之服一年壽五百歲

千金方常以九月九日取菊花作枕袋枕頭大能去頭風明眼目附陳欽甫九日詩云菊枕堪明眼茱囊可

辟邪

千金方九月九日菊花末臨飲服方寸匕主飲酒令人不醉

聖惠方云治頭風用九月九日菊花暴乾取家糯米一斗蒸熟用五兩菊花末如常醖法多用細麵麴酒熟即壓之去滓每煖一小盞服之附郭元振秋歌云辟惡茱萸囊延年菊花酒與子結綢繆丹心此何有

太清靈寶方引九月九日以白菊花二斤茯苓一斤並

擣羅為末每服二錢温酒調下日三服或以煉過松脂和丸如雞子大每服一丸主治頭眩久服令人好顏色不老

天寳單方治丈夫婦人久患頭風眩悶頭髮乾落胸中痰壅每發即頭旋眼昏不覺欲倒者是其候也先灸兩風池各二七壯并服白菊花酒及散其候永瘥其法春末夏初收白菊軟苗陰乾擣末空腹取一方寸匕和無灰酒服之日再服漸加三方寸匕若不飲酒

者但和羹粥汁服亦得秋八月合花收曝乾切取三斤以生絹袋盛貯三大斗酒中經七日服之日三次常令酒氣相續為佳

史公正志菊譜序曰王荆公殘菊詩云黄昏風雨打園林殘菊飄零滿地金歐陽永叔見之戲曰秋花不比春花落為報詩人仔細尋荆公聞之笑曰歐九不學之過也豈不聞楚辭云夕餐秋菊之落英乎愚聞一方用五子服之令人不老益顔色鬚髮反黑所謂甘

菊子菴藺子地膚子烏麻子牡荆子是也愚因此二説徧問園翁與夫士反皆言菊無結實者愚又遵承前賢之説於十一月直至月盡親採肥壤所植之菊採其花以驗其實之有無亦無所見但恐遐方異域或有之也當俟博物决其疑焉

甘菊野菊二説愚采取本草諸書已該於越譜中其説雖較然可見然世俗或採城墻郊野所産之菊以為宜入藥有貨於藥肆而用者又據司馬温公甘菊詩

云野菊細瑣物籬間私自全徒因氣味殊不為庖人捐采升白玉堂薦以黃金盤以此詩觀之乃知甘菊或有出於野者亦可用也牧監閒談云郊野人多採野菊供藥肆大誤真菊延齡野菊瀉人愚今以古今之人去取不同故併列之用之者不可不審

越俗言夏菊初生謂苗之時例自陳根而出至秋遍地沿多者由花梢頭露滴入土却去新根而出故名滴滴金愚初未之信遂與好事者斸地驗其根果無聯屬乃

見俗傳不妄也

本草載神農以菊味為苦名醫以味為甘二說不同例皆療病愚意其神農取白菊言之名醫取黄菊言之愚按陶隱居與陳藏器皆言白菊療疾有功本草圖經言今服餌家多用白者又有白菊酒法抱朴子有言丹法用白菊汁九域志言鄧州以白菊入貢是皆以白菊為用也惟沈存中忘懐録有種甘菊法今所謂茶菊即甘菊也然甘菊作飲食與入藥多是黄色不

曾見白者可食豈予未之見邪愚以古今去取不同故併列之

古今詩話

晉羅含字君章耒陽人致仕還家階庭忽蘭菊叢生以為德行之感唐李義山菊詩陶令籬邊色羅含宅裏香又云羅含黃菊宅柳惲白蘋汀

唐輦下歲時記九日宮掖間爭揷菊花民俗尤甚杜牧詩云塵世難逢開口笑菊花須揷滿頭歸又云九日

黄花插满头○司马文正公九日赠梅聖俞琵琶姬歌云不肯那錢買珠翠任教堆插堦前菊

西清詩話嘉祐中歐陽公見王荆公詩黄昏風雨打園林殘菊飃零滿地金笑曰百花盡落獨菊枝上枯耳因戲曰秋花不比春花落為報詩人子細看（後人以韻協之改看作吟）荆公聞之怒曰是定不知楚詞夕餐秋菊之落英歐陽九不學之過也

樂菴先生（李侍御名衡）語録云韓魏公嘗言保初節易保晚

節難在北門九日燕諸曹有詩莫羞老圃秋容淡（言行録作不羞）猶有寒花晚節香（言行録作且看寒花）魏公先生深敬此語嘗大書于壁以為晚節之規

沈譜云徐仲車最好菊即西籬下多種之花至冬月猶有存者名曰晚菊公常自比陶淵明種菊之所雖東西相反論其所以樂則無以異也有菊詩云楊妃只有黃裙在且問風霜留得無所謂楊妃裙者蓋菊名也

漁隱胡仔曰余嘗因庭下黄白菊相間開遂效蘇黄格作詩詠之曰何處金錢與玉錢化為蝴蝶夜翩翩青絲網住芳叢上開作秋花取意妍杜陽雜編唐穆宗時禁中花開夜有蛺蝶數萬飛集花間宫人以羅巾撲之無有獲者上令張網空中得數百遲明視之皆庫中金玉錢也

陸放翁因山園草間菊數枝開席地獨酌有詩云屋東菊畦蔓草荒瘦枝出草三尺長碎金狼籍不堪摘掃

地為渠持一觴日斜大醉吽墮幘野花村酒何曾擇君不見詩人跌宕例如此蒼耳林中留太白於此可見放翁愛菊之意

愚齋云陶淵明和郭主簿詩芳菊開林耀青松冠巖列懷此貞秀姿卓為霜下傑愚愛霜下傑三字最佳東坡和子由所居詩粲粲秋菊花卓為霜中英今觀百注坡詩中闕而不注何諸公不省淵明詩邪苕溪漁隠曰先君題泗上秋香亭詩騷人足奇思香草比君子况此霜

下傑清芬絶蘭茝自淵明妙語一出世皆師承用之可謂殘膏賸馥沾丐後人多矣

愚齋云崇觀間陳子高名克有詩名集中有五月菊云黄菊有本性霜餘見幽茂名緇喻般若大史謹占候云

云僧雪菴詩滿徑露溥黄般若夏簷風裊翠真如按六祖金剛經解何名般若是梵語唐言智慧也傳燈録云僧問忠國師古德云青青翠竹盡是法身鬱鬱黄花無非般若不知若為國師曰華嚴經云佛身充

滿於法界普現一切羣生前隨緣赴感靡不周而常處此菩提座翠竹既不出於法界豈非法身乎般若經云色無邊故般若亦無邊黄花既不越於色豈非般若乎傳燈又云趙州或謂青青翠竹盡是真如鬱鬱黄花無非般若

愚齋云菊苗不惟可為菜亦可以代茶本朝孫志舉勵有訪王主簿同泛菊茶詩云妍暖春風蕩物華初回午夢頗思茶難尋北苑浮香雪且就東籬擷嫩芽云云

見鄭景龍續宋百家詩選洪景嚴遵和弟景盧邁月臺詩築臺結閣兩爭華便覺流涎過麴車戶小難禁竹葉酒睡多須藉菊苗茶云云見瓊野録

愚齋云菊花古人惟以泛酒後世又以入茶其事皆得於名公之詩唐釋皎然有九日與陸處士羽飲茶詩云九日山僧院東籬菊也黄俗人多汎酒誰解助茶香陸放翁冬夜與溥庵主說川食詩何時一飽與子同更煎土茗浮甘菊愚又甞見人或以菊花磨細入

於茶中啜之者

文保雍菊譜中有小甘菊詩莖細花黄葉又纖清香濃烈味還甘袪風偏重山泉漬自古南陽有菊潭愚齋云此詩得於陳元靚歳時廣記今類于此所謂保雍之譜恨未之識也

愚齋云唐宋詩人詠菊罕有以女色為比其理當然或有以為比者惟韓偓歎白菊云正憐香雪披千片忽訝殘霞覆一叢還似妖姬長年後酒酣雙臉却微紅

此唐人詩也又魏野有菊一絶云正當揺落獨芳妍向曉吟看露泫然還似六宫人競怨幾多珠淚濕金鈿此本朝人詩也愚竊謂菊之為卉貞秀異常獨能悦茂於風霜揺落之時人皆愛之當以賢人君子為比可也若輒比為女色豈不汚菊之清致哉故二詩愚不敢采取以入此詩選且范文正公賦云黄中通理得君子之道魏野又有詩云易把方先哲王龜齡詩云端似高人事幽獨陸務觀詩云菊花如端人獨

立淩冰霜凡此等語比類無不得其宜故諸篇今預於選中

愚齋云荆公因有殘菊飄零滿地金之句歐公輒戲而非之乃有秋英不比春花落之語從而後人泥於此言竟以為不落愚竊以為未然故辨落與不落之理各有其說入於辨疑門内又取唐宋數家詩句凡言其落者併列之〇唐太宗殘菊詩細葉彫輕翠圓花飛碎黄又秋日詩菊散金風起趙嘏詩節過重陽菊

委塵崔灝晚菊詩曉來風色清寒甚滿地繁霜更雨

金又唐梅聖俞殘菊詩零落黄金蘂雖枯不改香去聲

蘇子由戲題菊詩更擬食根花落後一依本草太傷

渠彭汝礪詩重陽黄菊花零落殆無有陸務觀菊詩

碎金狼藉不堪摘又云紛紛零落中見此數枝黄

愚齋云紫菊之名見於孫真人種花法又見於諸譜中

此品傳植既久故唐宋詩人稱述亦多蕭頴士菊榮

篇紫英黄蕚照耀丹墀杜荀鶴詩雨匀紫菊蘩蘩色

趙嘏詩紫艷半開籬菊靜夏英公詩落盡西風紫菊花韓忠獻公詩紫菊披香碎曉霞此既出於名公稱述必是佳品也

愚齋云菊之開也四季泛而有之開於三月者曰春菊前賢有詩聯云不許秋風常管束競隨春卉鬬芳菲又云似嫌九月清霜重亦對三春麗日開沈譜云春菊花小而微紅者有開於四月者張孝祥嘗有詩見詩選門開於五月者陳子高嘗有詩開於六月者符離王常嘗有詞見芳

非集惟開於秋季者其品至多開於十月者歐陽公及王龜齡皆有詩朱希真又有詞以諸公詩詞觀之果見其所謂春菊夏菊秋菊寒菊者也雖然此當以開於秋冬者為貴開於夏者為次開於春者未必是真菊也若論其色亦有差等菊當以黃為尊以白為正以紅紫為卑楊繪詩爛紫妖紅色盡卑漁隱亦云菊春夏開者終非其時有異色者亦非其正

百菊集譜卷三

欽定四庫全書

百菊集譜卷四

宋 史鑄 撰

歷代文章 多非全文

屈原離騷經朝飲木蘭之墜露兮夕餐秋菊之落英王逸注云言旦飲香木之墜露吸正陽之津液暮食芳菊之落華吞正陰之精蘂洪興祖補注曰秋花無自落者當讀如我落其實而取其華之落又據一說云

詩之訪落以落訓始也意落英之落葢謂始開之花芳馨可愛若至於衰謝豈復有可餐之味

魏鍾會菊花賦何秋菊之奇兮獨華茂乎凝霜挺葳蕤於蒼春兮表壯觀乎金商縹幹緑葉青柯紅芒又見史譜

序引

晉潘尼秋菊賦垂采煒於芙蓉流芳越乎蘭林又曰既延期以永壽又蠲疾而弭痾

晉盧湛菊花賦浸三泉而結根晞九陽而擢莖若乃翠

葉雲布黄蘂星羅

晉傅玄菊賦布濩河洛縱横齊秦掇以纖手承以輕巾

服之者長壽食之者通神

晉嵇含菊花銘曰煌煌丹菊翠蕋紫莖

晉成公綏菊花銘數在二九時惟斯生又有菊頌曰先

民有作詠兹秋菊緑葉花黄菲菲彧彧芳踰蘭蕙茂

過松竹其莖可玩其葩可服

晉傅統妻菊花頌英英麗草禀氣靈和春茂翠葉秋曜

金華布獲高原蔓衍陵阿揚芳吐馥載芬載葩爰拾爰採投之醇酒御于王公以介眉壽

晉袁崧菊詩靈菊植幽崖擢穎淩寒飈春露不染色秋霜不改條按晉書或作袁山松

附録陶淵明九日閒居詩并序

余閒居愛重九之名秋菊盈園而持醪靡由空服九華寄懷於言愚齋云近年蔡夢弼有注和陶詩其中不注九華為菊名惜其有闕

世短意恒多斯人樂久生日月依辰至舉俗愛其名露

淒暄風息氣澈天象明往鷰無遺影來雁有餘聲酒能祛百慮菊為制頹齡如何蓬廬士空視時運傾塵爵恥虚罍寒花徒自榮斂襟獨閒謡緬焉起深情棲遲固多娱淹留豈無成

飲酒詩秋菊有佳色裛露掇其英汎此忘憂物遠我遺世情又云採菊東籬下悠然見南山此皆陶詩中句

唐宋詩賦并詞

此詩不惟選取精妙者或有菊名見諸文集此特取

之以廣識其名或出名公所作雖曰未工此亦取之以見前賢賦詠之大畧覽者當知之

文言　　陸宣公

文言曰菊禀陰陽之和氣受天地之淳精又曰不失其時比君子之守節無競於物同志人之不爭又曰行道者象之足以建德立身者取之足以作程又曰春之交夏之候靡木不榮無草不茂我亦抽英而擢秀商之氣冬之時無木不落無草不萎我亦發花而呈姿又曰淳

和自守芳潔自持

秋香亭賦為鄭屯田作　　范文正公

鄭公之後兮宜其百祿使于南國兮鏗金粹玉倚大旆於江干揭高亭於山麓江無烟而練迴山有嵐而屏矗一朝賞心千里在目時也秋風起兮寥寥寒林脱兮蕭蕭有翠皆歇無紅可凋獨有佳菊弗治弗夭采采亭際可以卒歲畜金行之勁性賦土爰之甘味氣驕松筠香滅蘭蕙露溥溥以見滋霜肅肅而敢避其芳其好胡然

不早歲寒後知殊小人之草黄中通理得君子之道飲者忘醉而餌者忘老云云

菊老　　元微之

秋叢遶舍似陶家遍遶籬邊日漸斜不是花中偏愛菊此花開盡更無花

重陽席上賦白菊　　白樂天

滿園佳菊鬱金黄中有孤叢色借霜還似今朝歌酒席白頭翁入少年場

歎庭前甘菊花　　杜甫

簷前甘菊移時晚青蘂重陽不堪摘明日蕭條盡醉醒殘花爛漫開何益籬邊野外多衆芳采擷細瑣升中堂念茲空長大枝葉結根失所纒風霜

晚菊　　韓愈

少年飲酒時踊躍見菊花今來不復飲每見恒咨嗟佇立摘滿手行行把歸家此時無與語棄置奈悲何

九月十日菊　　鄭谷

節去蜂愁蝶不知曉庭還遶折殘枝自緣今日人心别未必秋香一夜衰

白菊　皮日休

已過重陽半月天琅華千點照寒烟蘂香亦似浮金靨花樣還如鏤玉錢

憶白菊　陸龜蒙

稚子書傳白菊開西城相滯未容迴月明階下牕紗薄多少清香透入來

和令狐相公玩白菊　　劉禹錫

家家菊盡黄梁國獨如霜瑩淨真琪樹分明對玉堂仙人披雪氅素女不紅妝粉蝶來難見麻衣拂更香向風搖羽扇含露挹瓊漿髙艷遮銀井繁枝覆象牀桂叢欣並發梅粉妬先芳一入瑶華詠從兹播樂章

菊　　李山甫

籬下霜前偶得存苦教遲晚避蘭蓀能消造化幾多恨不受陽和半點恩栽處豈容依玉砌摘時還許泛金罇

陶潛去後無知己露濕幽藂見淚痕

菊　羅隱

籬落歲云暮數枝聊自芳雪裁纖蘂密金折小苞香千載白衣酒一生青女霜春叢莫輕薄彼此有行藏

華下對菊　司空圖

清香裛露對高齋泛酒偏能浣旅懷不似春風逞紅艷鏡前空墜玉人釵

對菊　齊已

無艷無妖别有香栽多不爲一作只爲待重陽莫嫌醒眼相看過却是真心愛澹黄醒眼一作醉眼

商州九月十八日大雪雪後見菊　　王禹偁

狼籍金錢撒野塘幾叢無力卧斜陽爭偷暖律輸桃李獨亞寒枝負雪霜誰惜晚芳同我折自憐孤艷襲人香幽懷遠慕陶彭澤且擷殘英泛一觴

和張少卿白菊吟　　邵堯夫

清淡曉凝霜宜乎殿顥商自知能潔白誰念獨芬芳豈為瓊無艷還驚雪有香素英浮玉液一色混瑤觴

詠菊　　魏野

榮雖同雨露晚不怨乾坤五色中偏貴千花後獨尊馨非爭黍稷採合勝蘋蘩蛺蝶寒猶至鷦鷯靜亦蹲味堪滋玉鉉光欲奪金罇帶露蕤尤密經霜艷更繁砌蛩親有路梁燕識無門薜荔宜求友茱萸好結婚栽培勞婢僕服食教兒孫易把方先哲難為繼後昆敗莎承亞朵

落葉擁纖根雖異皇家瑞寧辜白帝恩延齡仙訣著應
候禮經言不與羣芳競還如我避喧

白菊

濃露繁霜著似無幾多光采照庭除何須更待螢兼雪
便好藂邊夜讀書

詠菊　　　　王荆公

補落迦山傳得種閻浮檀水染成花光明一室真金色
復似毗邪長者家

城東寺菊

黄花漠漠弄秋暉無數蜜蜂花上飛不忍獨醒辜爾去慇懃為折一枝歸

和晚菊

不得黄花九日吹空看野蘂翠葳蕤淵明酩酊知何處子美蕭條向此時委翳似甘終草莽栽培空欲傍藩籬可憐蜂蝶飄零後始有閑人把一枝

殘菊

黄昏風雨打園林殘菊飄零滿地金折得一枝還好在可憐公子惜花心

甘菊　　司馬温公

野菊細瑣物籬間私自全徒因氣味殊不為庖人捐采升白玉堂薦以黄金盤願若南陽守永扶君子年

重九席上觀金鈴菊　　韓忠獻公

黄金綴菊鈴兖地獨馳名金鈴菊兖州種　細蘂浮杯雅香篘貯露清風休沉夜警雨碎入寒聲自此傳仙種秋芳冠玉

京

和崔象之紫菊

紫菊披香碎曉霞年年霜晚賞奇葩嘉名自合開仙府
麗色何妨奪錦砂雨徑蕭疎凌薜暈露叢芬馥敵蘭芽
孤標只取當筵重不似尋常泛酒花

次韻南陽錢紫微盆中移白菊　劉忠肅公摰

晚秋風露下星榆玉刻圓錢散曉林人住水涯多白髮
地應花谷近清都挼香薦酒登新譜益氣輕身載舊圖

移取黃堂朝夕見北洲亭遠故臺蕪郡中舊有白菊臺

希真堂東手植菊花十月始開　歐陽修

當春種花唯恐遲我獨種菊君勿誚春枝滿園爛張錦風雨須臾落顛倒看多易厭情不專鬬紫誇紅隨俗好豁然高秋天地肅百物衰陵誰暇弔君看金蘂正芬敷曉日浮霜相照耀煌煌正色秀可餐藹藹清香寒愈峭高人避喧守幽獨淑女靜容羞窈窕方當搖落看轉佳慰我寂寥何以報時攜一樽相就飲如得貧交論久要

我從多難壯心衰迹與世人殊静躁種花不種兒女花老大安能逐年少

甘菊　　蘇東坡

越山春始寒霜菊晚愈好朝来出細蘂稍覺芳歳老孤根蔭長松獨秀無衆草晨光雖照耀秋雨半摧倒先生卧不出黄葉紛可掃無人送酒壺空腸嚼珠寶香風入牙頰楚些發天藻新蘘蔚已滿宿根寒不槁揚揚弄芳蝶生死何足道頗訝昌黎公恨爾生不早退之秋懷詩鮮鮮霜中菊

既晚何用好揚揚弄芬蝶爾生還不早

五月園夫獻紅菊　蘇頼濵

黄花九月傲清霜百草滿園無比香紅紫無端盜名字試尋本草細思量

南陽白菊有奇功潭上居人多老翁葉似皤蒿莖似棘未宜放入酒盃中

戲題菊花

春初種菊助槃蔬秋晚開花插酒壺微物不多分地力

終年乃爾任人須天隨七筯幾時輟彭澤罇罍未遽無更擬食根花落後一依本草太傷渠

戲答王觀復酴醿菊　　黄山谷

誰將陶令黄金菊幻作酴醿白玉花小草真成有風味東園添我老生涯

戲答王子予送淩風菊

病來孤負鸕鷀杓禪板蒲團入眼中浪說閒居愛重九黄花應笑白頭翁

九月十日菊花爛開　張文潛

蕭條秋圃風飛葉却有黄花照眼明已過重陽慵采擷自嫌亦作世人情

次韻桃花菊　朱行中名服聖紹初人

籬邊不語自成蹊紅入秋叢見亦稀亂插烏巾酬老健輕浮白酒惜春歸劉郎一去花何晚陶令重來色已非蝶散蜂藏無足怪冷香寒艷不堪依

次韻時從事桃花菊　侯季長名延慶政和中人

霜郊百草半青黄寒菊偷香作豔粧灼灼似誇籬下客夭夭欲伴禁中郎退之百葉桃花云故伴仙郎宿禁中　元都道士閒須種彭澤先生見定狂莫信化工欺世俗且將一笑薦彫觴

菊　錢昭度

曾見春花落萬紅不然隨雨即隨風如何得到重陽日浮在陶家酒盞中

次韻十五日菊　丁寶臣

秋香多日闘英華霜脱離離抱砌斜趂節不隨時俗眼

近冬真是歲寒花擕辭舊入騷人筆載酒誰尋醉令家曾讀南華齊物論均無遲速可驚嗟

寒芳開晚獨堪嘉開日仍逢小雨斜秋盡亭臺凋木葉月圓時節伴黄花幽香不入登高會清賞終存好事家黄蘂緑莖如舊歲人心徒有後時嗟

五色菊 愚齋云孫真人種花法與洛陽花木記皆有此菊名

劉原父

屢聞白雪題詩句飽見黄花泛酒盃豈是一枝能五色

相隨次第雪中開

庭前菊花

翠葉金華刮眼明薄霜濃露倍多情誰人正苦山中醉借與繁香破宿醒

都勝菊　　江衮

似嫌春色愛秋光格外風流晚獨芳淡佇精神無俗艷豐釀肌骨有天香玉攢碎葉塵難染金蹙深心蝶謾狂曉帶露華初折贈瑶臺欲識斬新妝

御愛菊

黄花開盡白花開移自新羅小小栽雅質似嫌施粉黛玉肌端是屑瓊瑰曾㕘御側龍顔愛尚帶天邊月色來

輕着曉霜添嫵媚看匀紅淺上香腮

五色菊

孤根分劚便成叢色弄輕黄轉紫紅愁似歛容羞白日淡如無語怨西風自縁取賞人心别不許陪觀衆志同亂折東籬休借問多情誰是主人翁

亞叟惠龍腦菊　　許景衡

正色最宜霜後見清香自是藥中珍明年把酒東籬下采采何如舊主人

梅開踰月而黄菊方爛然　　鄭剛中

江梅久矣報塗粉籬菊傲然方鑄金嶺外四時惟一氣難分冬霧與秋陰

詠菊　　汪彦章

依倚西風不自持葳蕤羽葆雜金規繁開不負朝陽色

獨步非關昊帝私把酒可能追靖節掇苗終欲慕天隨

春紅過盡聊經眼賴有芬芳慰所思

十日買黄菊二株　　王十朋

十月更十日黄花開滿枝鮮鮮如可餐采采還自疑重

陽不堪摘況後一月期既晚何用好茲言聞退之天然

傲霜性寧問早與遲不以日月斷深盃為花持

十月望日買菊一株頗佳

秋去菊方好天寒花自香深懷傲霜意那肯媚重陽

十月二十日買菊一株置於郡齋松竹之間目為

歲寒三友

三百青錢一株菊移置牕前伴松竹鮮鮮正色傲霜性

不逐重陽上醽醁誰云既晚何用好端似高人事幽獨

南來何以慰凄凉有此歲寒三友足

分送四月菊與提刑都運二丈　張孝祥

午陰籬落小徘徊底許清香鼻觀来定自霜臺風力峻

故教霜菊暑中開

金縷裁衣玉綴裳掃除瘴暑作秋香一杯擬倣重陽賞更惜西風一夜涼

贈菊　陸務觀游

花裏風神菊擅名品流不減晉諸卿梅應相與有瓜葛蘭復何憂無弟兄移後併逢三日雨開時恰值十分晴傍籬小摘供囊枕留得殘香夢亦清

陶淵明云三徑就荒松菊猶存蓋以菊配松也予讀而感之因賦此詩

菊花如端人獨立淩冰霜名紀先秦書功標列仙方紛紛零落中見此數枝黄高情守幽貞大節稟介剛乃知淵明意不為汎酒觴折嗅三歎息歲晚彌芬芳

朝天菊 得於婺源○愚齋云此品想藤菊之類　洪景盧邁

但見荼蘪能上架那知甘菊解朝天亭亭秀出風烟上冷落東籬却可憐

末利菊　洪景伯适

化工將末利改作壽潭花零露團佳色鵝黄自一家

叢菊　石延年

風勁香逾遠霜寒色更鮮秋天一作光買不斷無意學金錢

菊　陶弼

九月嚴霜殺草根獨開黄菊伴金罇東籬故事何重疊醉倒花前是遠孫

山行見菊　李㝢

野色芬敷洗露香籬邊不減御衣黄繁英自剪無人插應笑陶潛兩鬢霜

夭桃途次見菊　　文與可

英英寒菊犯清霜來伴山中草木黄不趁盛時隨衆卉自甘深處作孤芳其他爛漫非真色惟此氤氲是正香却念白衣誰送酒滿籬高興憶吾鄉

大笑菊　　姜特立

玉瓣金心磊落花天姿高灑出常葩標名大笑緣何事開口相逢有幾家

霜後菊

嫩黄釅白媚秋暉正坐清霜一夜飛似怯曉來天氣冷
一時都換紫羅衣

菊苗　彭汝礪狀元

重陽黄菊花零落殆無有微陽動淵泉嫩葉出枯朽青
青好顏色寂寥霜雪後物理如轉環開花豈其久

種菊　高文虎

菊載神農經不見詩三百周官敘鞠衣一言僅可摘黄
花紀月令落英餐楚客伯始飲得壽桐君書探賾移根

侯萌動需時當甲折我羨柴桑里敢希履道宅不種兒女花朱朱與白白閱譜品雖多求栽地恐窄揠苗助其長抱甕滋以澤朗詠黃為正流播風騷格寒香紫茁蘭晚節桐柯柏相繼早梅芳一笑巡簷索

愚齋按後漢胡廣字伯始○按本草桐君有採藥録注其花葉形色○柴桑乃陶淵明所居之里在九江潯陽縣○履道坊乃白樂天退老之地在洛陽按履道新居詩蘺菊黃金合牕筠綠玉稠

蠟梅菊次韻周仙尉　閒人善言

臘前曾弄色秋晚更包黃昔認蜂攢蜜今看蝶戀香輦

流雖易處名氏卻同鄉會見成功女還思九日觴

金錢菊　楊巽齋

清曉幽叢露作團籬邊積疊喜人看落英欲買真無價唯許騷人盤一餐

閏月見九華菊　翁龜翁逢龍

衆草已枯霜牆陰獨自芳旋開三四蘂知為兩重陽酒恰今朝熟花多一月香又經風雨後得爾慰淒涼

甘菊冷淘　王禹偁

經年厭粱肉頗覺道氣渾孟春奉齋戒敕廚唯素飧淮南地甚暖甘菊生籬根長芽觸土膏小葉弄晴暾采采忽盈把洗去朝露痕俸麵新且細溲攝如玉墩隨刀落銀縷煮投寒泉盆雜此青青色芳香敵蘭蓀一舉無孑遺空媿越盌存解衣露其腹稚子為我捫飽慙廣文鄭饑謝魯山元廣文先生飯不足元魯山餓而死況吾草澤士藜藿供朝昏謬因事筆硯名通金馬門官供政事食久直紫微垣誰言謫滁上吾族飽且溫既無甘旨慶焉用品味繁子

美重槐葉直欲獻至尊起予有遺韻甫也可與言

晚食菊羮　司馬溫公

朝來趨府庭飲啄厭腥羶況臨敲朴喧憒憒成中煩歸來褫冠帶杖履行東園菊畦新雨霽綠秀何其繁平時苦目病茲味性所便采擷授廚人烹瀹調甘酸毋令薑桂多失彼真味完貯之鄱陽甌薦以白玉盤鋪啜有餘味芬馥逾秋蘭神明頓颯爽毛髮皆蕭然迺知愜口腹不必矜肥鮮嘗聞南山陽有菊環清泉居人飲其流孫

息皆華顛嗟予素荒浪强為簪纓羣何當葺弊廬脱略區中縁南陽丐嘉種蒔彼數畝田抱甕新灌溉爛漫供晨餐浩然養恬漠庶足延頹年

采菊圖　王十朋

淵明恥折腰慨然詠式微閒居愛重九采菊來白衣南山忽在眼倦鳥亦知歸至今東籬花清如首陽薇

題徐致政菊坡圖 名壽仁

南方有高士仁義偃王裔家山闢幽坡手取香草蓺秋

至有黄花采采滿衣袂客來酒盈樽詩出語驚世無心學淵明偶與淵明契静者年自長頽齡不須制高懐恥獨樂地逺人罕詣丹青寫佳境有目皆可睨吾家三三徑荒蕪屢經嵗儒冠誤此身掛之公得計

桃花菊詞　鷓鴣天　張孝祥（或云康伯可作）

一種穠華别様粧留連春色到秋光解將天上千年艶翻作人間九日黄　凝曉露傲清霜東籬恰似武陵鄉有時醉眼偷相顧錯認陶潛作阮郎

曾端伯慥取友於十花以菊為佳友

口號并調笑令

五柳門前三徑斜東籬九日富黄花豈惟此菊有佳色

上有南山日夕佳

佳友金英輳陶令籬邊常宿留秋風一槩摧枯朽獨艷

重陽時候賸收芳蘂浮卮酒薦得先生眉壽

愚齋云宿留字兩見趙岐注孟子孫奭音義上音秀下音霤按廣韻宿留停待也

王龜齡十朋取莊園花卉目為十八香以菊為冷

香有詩詞

佳節逢吹帽黄金染菊叢淵明何處飲三徑冷香中

點絳唇

霜蘂鮮鮮野人開徑親栽植冷香佳色趣得重陽摘

預約比鄰有酒須相覓東籬側為花辭職古有陶彭澤

毘陵張敏叔繪十花為一圖目曰十客圖其間菊

花曰壽客錢塘闞士容因賦詩詩云莫惜朝衣換酒錢淵明邂逅此花仙重陽滿滿杯中泛一縷黄金是一年此詩愚得於士友殊恨其不工今作一絶以易之云

東籬寂寞舊家鄉頭白天生鬚又黄按本草白菊仙經以為妙用服餌多用之歲歲相陪重九宴主人傳得引年方

百菊集譜卷四

欽定四庫全書

百菊集譜卷五

宋　史鑄　撰

淳祐丙午中夏愚始飭工為此鋟梓越句餘又得同志陸景昭特攜赤城胡融嘗於紹熈辛亥歳撰圖形菊譜二卷以示所恨得見之晚不及寘於其前今姑摭其要并序續為第五卷云

萬物以節𢿙為高與春俱華與秋偕瘁者盈山滿谷騷

人墨客歌詠乎古今務以句語文詞相誇尚是何足以浼吾之筆端乎哉吾之所愛者獨菊爾時維季秋霜風淒緊草木之葉或黄或瘁或槁或脱而菊也方濯濯然獨立於霜露之中含曜吐穎精采奪目與吾相對竟日冷淡而耐久瀟洒而有遠韻正可比方高人貞士立於世道之風波操履卓絶不為威武勢力之所摧屈者矣夫其天姿高潔獨受閒氣生不與草木同流死不與草木偕逝可謂物中之英百卉之桀然者也云云

菊名 御袍乃人君之服故列為首

御袍黃　　酴醿

銀荔枝 一名太師菊　　金荔枝

大金錢　　小金錢

添色喜容 一名蘸金　　七寶黃 又名十樣黃

七寶白　　金堆

金鈴　　大眉心

小眉心　　金毬

銀毬　龍腦

桃花　金盞銀臺

銀盞銀臺　大白又名霜下菊

小白　夏佛羅一名佛頂菊

秋佛羅　甘菊一名石決

小金荔枝　野菊

一丈黃一名沿籬菊　茉莉

金甌　玉盤

毛心　釵頭金

侍御　蠟梅一名道衣黄

尖葉白　小堆金

白玉錢　檀香黄

小金佛頭　疊金

大金佛頭　右四十一種其中亦闕九華

栽植

初種　仲春土膏流動菊苗怒生纔及五六寸掘起棟

根莖大者相去四尺許種之先用麻餅末一大撮拌土

澆灌　一月凡三度鉏薙至日暮以溺澆之春月則用蠶沙一法先以溺漬草屨置土下極有力

摘腦　纔高一尺以上便與摘腦摘腦則秋生而花濶至立秋而止唯夏佛羅銀毬菊不用摘

事實

嶺南異物志云南方多温臈月桃李花盡坼他物皆先

時而榮唯菊花十一月開葢此物須寒乃發寒晚故發亦遲

巴東縣將軍灘對岸山水平秀有黃花上下沱一望約五六里

東坡帖曰夏小正以物為節如王瓜苦菜之類驗之略不差而菊有黃華尤不失毫釐近時都下菊品至多皆智者以他草接成不復與時節相應始八月盡十月菊不絶於市亦可恠也黃魯直跋之曰此何異虹

藏不見而虹挂空雷乃收聲而雷發地耶

菊賦　　張南軒 欽夫

喻子有園一畮畦菊百本日遊其間乃為之賦其詞曰

西風兮東籬金英兮紫枝著嘉名兮既遠豈衆卉兮等夷標黃華兮月令寓落英兮楚辭生高崗兮燭隰原吟鮑昭兮賦潘尼互松兮偕杞徑淵明兮宅天隨秋日兮淒淒秋露兮離離萬木槁兮既下一雁鳴兮初飛送孟嘉兮帽落迎王弘兮白衣其操兮箕山之潔其韻兮竹

林之絶劉兮禦冦之御風慓兮馬曹之泛雪臨清流兮子陵之居瀨含夕霏兮真長之望月孤叢兮特秀幽香兮微透紫蝶兮黄蜂凛既寒兮猶湊聘芙蓉以為妃兮命秋蘭以為友宫槐歛迹以宵逝兮巖桂容沮而色黜揖江梅以先發兮曰予之茂兮其庸可後邀黄葵以旅處兮曰珠玉其在側予豈不知予之陋一束既多兮魏帝之錫少者百年兮甘谷之壽枝葉老硬兮飽余腹於五月葩華丰妍兮悦余目於重九歳植百本日繞百匝

兮聊臨風而三嗅

杜甫詩以甘菊名石决

秋雨歎詩曰雨中百草秋爛死階下决明顔色鮮著葉滿枝翠羽蓋開花無數黄金錢説者以為即本草决明于此物乃七月作花形如白匾豆葉極稀疎焉得有翠羽蓋與黄金錢也彼葢不知甘菊一名石决為其明目去翳與石决明同功故呉越間呼為石决子美所歎正此花耳而杜趙二公妄引本草以為决明子踈矣哉

百菊集譜卷五

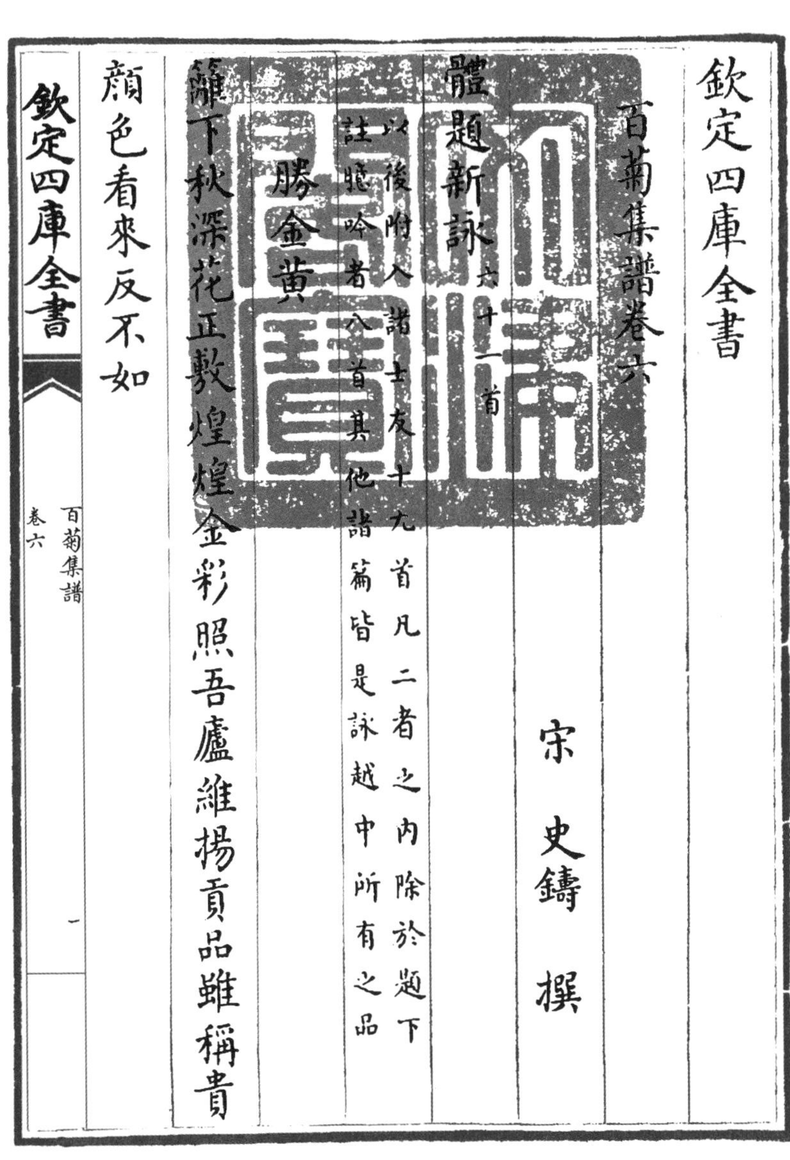

欽定四庫全書

百菊集譜卷六

宋 史鑄 撰

體題新詠 六十一首

以後附入諸士友十九首凡二者之內除於題下註牘吟者八首其他譜篇皆是詠越中所有之品

勝金黃

籬下秋深花正敷煌煌金彩照吾廬維揚貢品雖稱貴

顏色看來反不如

御愛黄

貴品傳來自禁中色鮮如柘恍迷蜂作歌亦見鍾情重承眷應曾遇德宗

御袍黄

秋晩司花逞巧工解將柘色染幽叢待看開向丹墀畔蕭颕士菊榮篇照曜丹墀宛與君王服飾同杜甫花卿歌綿州副使著柘黄注僭乘輿服色也

九日黄

露叢花發例皆遲異品敷金不詭隨應節及時真可愛

登高且把泛瑶卮

又

應時寒蘂折秋含晃耀良金色可叅似遇道人般七七故開佳節日三三

金錢菊

陰陽鑄出遶籬邊露洗風磨色爍然未解濟貧行世上且圖買笑向樽前

又此作明用題字

天女將圖買斷秋算來白帝價難酬金錢滿閣黏嫌富撒向幽叢竟不收

金絲菊　明用題字

染如艷切人徒染如琰切金絲色侍女謾歌金縷衣爭似黄花得天巧織成紋絡力九切不須機

金鈴菊

化工寫出爛盈枝顆顆光明耀竹籬賞翫佳人應笑道待教繫向雪獅兒

金蓮菊 臆吟

迴出嬌紅媚一川風刀細鏤耀籬邊不妨捧向孩兒手留取清香在佛前

側金盞

圓模羅列占東籬西帝賜來宮樣奇疑是花神清酌罷儘教放處不妨欹

金盞銀臺

黄白天成酒器新曉承清露味何醇恰如欲勸陶公飲

西皡應須作主人 又作擬將享宴司花女須報韋公舊主人

滴滴金夏菊也

未見秋來花便開人言因露作根荄千團萬點枝頭墜

盡化黃金出土來

窖友菊 按洛陽花木記用此窖友字

寒英雅稱伴吾徒色正香清態有餘日涉中園長與會

何憂因數反成疏 楊巽齋窖友花有朶朶相迎意更覩之句愚今所作蓋取此義

又窨卣菊 據高疎寮用此窨卣字

化工也學蜜蜂房秋卉粧成春蘂黄芬馥猶疑盛秬鬯未容輕把泛霞觴書洛誥秬鬯二卣正義曰秬黑黍也以此為酒煮鬱金草築而和之使芬香調暢謂之秬鬯酒卣中樽也

橙菊

上林佳果久流聲西京雜記云上林苑橙十株秋徑香苞特假名正賴蟹肥新酒熟幽人来賞兩含情

荔枝菊

莫論枝上粟團黄且喜籬邊珍顆香若使唐家妃子見

料應誤摘醉中嘗

茱萸菊

品出陶家花品外名存吴地藥名中若將泛入重陽酒不用分香摘兩叢

艾菊 明用題字

一入陶籬如楚俗重陽重午兩關情惜哉刪後詩三百菊柰無名艾有名一换押鄉字韻云恠底陶籬似楚鄉寒花暑葉共枝芳無求往古三年効且把明朝九日香

末利菊 明用題字

來從西域馨香異蓮經有末利花香之言 飊作東籬品目新悟此肯為微利役殷勤来賞屬幽人王梅溪求末利花詩老來恥逐蠅頭利故向禪房覔此花今之鄙句蓋祖此義

甘菊

南陽佳種傳來久濟用須知味若飴苗可代茶香自別花堪入藥效尤奇

塔子菊以金鈴菊蟠結而成

金彩煌煌般若花高蟠層級巧堪誇更添佛頂週遭種成此良緣勝聚沙 聚沙為佛塔見蓮經偈言

毬子菊

團圞秋卉出籬東惹露淩霜衮衮中疑是花神抛未過更教輾轉向西風

野菊

寒郊露蘂踈仍小 一年野菊甚盛乃改作繁何小 瘦地霜枝細且長境僻人稀誰與採馬蹄赢得踐餘香

黄白菊

二色秋英併一根金宜為友玉為昆相依笑向西風裏皓色須還中色尊

十様菊 臆吟

霜蘂多般同一本天教成數殿秋榮從他蛺蝶偷香慣偷遍無過一例清

九華菊 吴有趙廣信嘗鍊九華丹此菊以丹為名猶酴醾花以酒名之其意各有所寓杜光庭詩初開九鼎丹華熟

功成丹鼎花堪比花到重陽色正鮮靖節集中名甚著羡他慣服制頽年

又

流芳千古傲霜英剪玉絲金照眼明若論駐顔功不小仙丹端可與齊名

佛頂菊

籬畔光明緣底盛秋来千百化身多露棲不必醍醐灌仁宗皇帝御贊蓮經灌頂醍醐滴滴涼醍醐酥之精液也雨沐何煩手掌摩楞嚴經世尊憐

慼阿難以
手摩其頂

大笑菊 丁晉公詩花能含笑笑何人東坡詩花非識面常含笑今愚鄙句亦祖此義

玉顏已破晚秋葩不費千金亦可誇幽徑主人偏愛惜且贏耳畔弗諠譁

又 明用題字

晚節敷華性異常黄冠白羽道家粧料應識破榮枯事獨對秋風笑一場

又 明用題字

桃笑春風菊笑秋治容正色不相侔寒梅一笑如堪索

這笑方為是匹儔

玉甌菊

化工施巧在秋葩琢就圓模瑩可嘉着底香心真蠟色

似留賞客欲分茶

銀盤菊

秋英疑是白金裁承露如從仙掌来䴵笑漢皇銅制古

斬新一樣也竒哉

輪盤菊

秋深籬下折霜英圓質風吹颺不停天巧固非煩扁斵日新又豈待湯銘

粉團菊

月姊容顏别一家天真何必御鉛華秋来殘臓方抛棄幻作籬邊馥馥花 彭爵霜月詩應是姮娥剩粧粉一時抛撒下天来此借其意

月下白

素質鮮明絶點塵冰輪高照轉精神叢叢皓彩如羅綺

謂彩帛之紋亦有粟地菊之類箇樣誠堪示染人

纏枝白

西風頓折晚秋葩色映霜華與月華不特翠枝柔猗於可切儺乃可切更饒緑葉密交加

酴醾菊 宋景文公酴醾詩來自蠶叢國香傳弱水神按古蠶叢國即蜀中也

春架秋籬景一同想因分種自蠶叢但將酩酊酬佳節不管花居酒品中

木香花

秋花也與藥名同素彩鮮明曉徑中多少清芬通鼻觀何殊滿架折東風

寒菊

不畏霜風質自殊不招蜂蝶豔何孤梅花松竹如相見便合添為四友呼

朱希真十月菊詞須添羅幕護風霜要留與疎梅相見

淮南菊

割脂簇蠟客成團傑出東籬最奈寒加紫麤宜霜後看料應慣見屬劉安

徘徊菊

花神着意駐秋光不許寒葩陡頓芳敷彩盤桓如有待幽人把玩不須忙

饅頭菊

離火供炊餅餅圓陸放翁菊詩有餅餅香字前輩菊詩籬邊餅餅金幽人飽玩向籬邊採來還問堪餐否應使癡兒口墮涎

桃花菊

仙源分派到籬東灼灼穠華綴露叢最崔護詩章陶令酒

兩家混作一家風

燕脂菊 臆吟

天女染花情若狂鮮妍直欲媚秋光恐將陶徑黄金色

也學秦宫朱臉粧

牡丹菊

本是秋香九日黄假為國色百花王待殘擬把酥煎啗

見漁隱叢話後集二十三卷孟蜀時李昊事 莫棌芳英泛酒觴

紅薇菊 臆吟

天厭花黄色改殷烏閑切赤色也東籬景物似東山逗遛春蘂為秋蘂荆棘了無藏葉間

繡菊

寒葩縷縷結緗紅不待纖針見巧工秋老從他宫線減彩文飜喜入花叢

石菊

花美雖堪寫團扇艷妖未必入東籬紀名何取它山物徧問園官總不知愚辨石菊大菊雖今古之名不同其實一種物也至秋結實名曰遼參今

窮見麥粒之形了無所惑矣討論既定竊意其石字當為碩按字書碩大也庶幾意合於古書今復成一絕以紀其實云

又

榦弱葉纖花特奇艷濃九夏到秋時枝頭結實元為藥爭奈越中人罕知若蓬麥所出之地其榦直而堅

大菊明用題字即今之石菊也

菊名何大為誰開子結秋叢最是藥材若所產之地者結子乃至作穗若用催生功不小請嘗便可見嬰孩千金方治產經數日不出或子死腹中以

瞿麥煮濃汁服之

孩兒菊

地母提來風露徑笑風泣露並堪憐品徵元乏香肌骨濫預秋英得浪傳

春菊 蒿菜花是也

莫論園蔬品目卑花開不減菊幽奇燦然金色仍堪採春老恰如秋老時

紫菊 馬蘭花是也

秋野閒花是繡鋪佳名得自北人呼見本草若教尼父當時見應惡紛紛色亂朱

觀音菊天竺花是也

霞幢森列引薰風高出疎籬紫滿叢翠葉纖纖如細柳直疑揷向淨瓶中

繡線菊厭草花是也

天成素縷結秋深巧刺由來不犯針籬下工夫何絢爛條條綰綴紫花心

佳友 昔曾端伯以菊為佳友愚今以詩實其名

氣清色正品尤高好事幽人善與交開徑何須望三益相陪雅尚在香苞

壽客 近世張敏叔以菊為壽客愚今以詩實其名

東籬冷落舊家鄉性耐風霜氣味長幾度入來重九宴主人傳得引年方

對菊懷古

靖節先生菊滿園其名獨有九華存東籬若許塵蹤到

佳品須當盡討論

菊花單題

獨芳三徑屬秋深清致貞姿快賞心解道卓為霜下傑

平生靖節最知音

金絲菊　　　　馮發藻

纏風綰雨短籬旁織出黄花縷縷黄遥想司花幾仙子

鮮明擬作六銖裳

茱萸菊

一種秋英具兩般摘來浮向酒盃寛阿誰到得重陽日

醉把花枝子細看

夏月佛頭菊

圓英現出端嚴相素辦㶕成知見香必竟白毫破炎毒

故教開向夏畦涼

酴醿菊

秋花也與酒齊名三月留爲九月英朶朶露栖明亞雪

還如壓架折春晴

朝天菊 臆吟

凌霄花豈凌霄去向日葵空向日傾何似幽姿堪對越也酬洪覆拱高明

桃花菊

恠底元都花發遲西真着意在霜枝春葩也耐秋風勁紅雨何愁亂入枝

牡丹菊

秋香剛欲竊天香遥想南陽似洛陽莫道東籬靄聲價

詩人曾擬作花王

孩兒菊

穉叢弱質巧相如曉沁啼痕一雨餘天亦何心鍾愛汝也逞佳色殢陶廬

采菊 用古人名賦

和霜旋采黄香嗅與客登高適興時多謝安排滿頭插相隨何得怨開遲

金鈴菊　　孫耕

疑是良工巧鑄成天然顆顆帶黄英籬邊一任風揺動
不學簷前斷續聲

孩兒菊

弱質生成由地母清姿保愛藉園公花偏嬌嫩葉偏細
凝竚籬邊弄晚風

鷺鷥菊　臆吟

玉羽毿毿剪作花花心挺出傲霜華恰如未上清天去
且立西風古徑斜

楊妃菊 臆吟　　陸希澄

含笑向籬旁花叢似洞房露濃新出浴霜薄淺成粧尚帶霓裳色猶存輦路香 張全真題明皇太真聯鑣圖詩並轡春風輦路香 故令千載下還許侑瑶觴

金盞銀臺　　許光曾

黄中素表折秋葩恰似開筵富貴家晃耀西風深院裏清標不減水仙花

佛頭菊　　僧希髙

佳卉超凡沐雨開恍如螺髻出山來世尊肉髻見蓮經與楞嚴經就叢更種金蓮菊襯作花宮七寳臺

大笑菊

寒花也解媚清秋貌似呵呵滿檻稠若使幽王能着眼何須舉火戲諸侯

金錢菊　　僧文行

化工鑄出最光圓閒數枝頭不許千滿徑黄花秋富貴陶公何必苦無錢

大笑菊

遶籬喜色破新愁一朶西風卒未休 穀梁傳注粲然盛笑貌 非學

野花留寶靨應嗤楚客獨悲秋

集句詩 史鑄

鑄兒童時嘗閱東軒臞儒趙公保集句梅詩喜其多有可取今故效顰采擷百家英華為菊成章也

種菊

幽懷遠慕陶彭澤 王禹偁 一畞荒園試為鋤 蘇子由

自種黄花添野景 謝景山見詩話總龜 幾多光彩照庭除 魏野

菊花十二首

無艷無妖别有香 僧齊己對菊 知心誰解賞孤芳 陸務觀

二

淵明酩酊知何處 王荆公 安得斯人共一觴 謝無逸

霜裏鮮鮮照眼明 王十朋 人言此解制頽齡 梅聖俞

二

憐香擘破花心鶧 姚揆 酌盡齋中竹葉餅 黄山谷

三

一夜清霜殞物華 蔡柟 寒芳開晚獨堪嘉 丁寶臣

折來嗅了依前嗅 邵堯夫 不是尋常兒女花 王十朋

四 千金方菊花作枕袋大能去頭風明眼目 陸務觀菊詩傍籬小摘供囊枕留得殘香夢亦清

籬菊含風暗度香 佘安行 栽多不為待重陽 齊己

愈風明目須真物 蘇子由白菊 夢寐宜人入枕囊 山谷

五

露叢芬馥敵蘭芽 韓忠獻公 清賞終存好事家 丁寶臣

莫遣兒童容易折 洪景盧 此花開盡更無花 元微之

六

露裛幽花冷自香 釋皎然　藥中功效不尋常 王十朋食薑

祛風偏重山泉清 文保雍　胡廣隨緣却壽長 鄭剛中菊

七

清香裛露對高齋 司空圖　端伏兹花慰老懷 王十朋

欲折一枝来侑酒 蔡柟　登高能賦屬吾儕 陳後山

八

八月九月天氣涼 李白　遶欄種菊一齊芳 邵堯夫

好風應會幽人意 江奎　時去時來管送香 張芸叟

九

不趂衆時隨衆卉 文與可 幽姿高韻獨蕭然 田元邈

別開小徑連松路 王介甫 常愛陶潛遠世緣 梅聖俞

十

籬菊開時寒有信 王彦霖 幽香還釀客懷清 周麟之

折歸恐負金蕉葉 張彦實 欲伴騷人賦落英 蘇東坡

十一

菊花有意浮盃酒 汪彦章 秋老霜濃滿檻開 江褒

多謝主人相管領 沈瀛 盡收清致助吟才 張子野

十二

一夜新霜著瓦輕 歐陽永叔 照牕寒菊近人情 聞人善言次韻童恭叔

賸收芳蘂浮卮酒 曾端伯 白髪年年不負盟 聞人善言中秋月

黄菊 二十首

黄花漠漠弄秋暉 王荆公 竚立階前香在衣 王性之

正色逢人何太晚 强幾聖 衰翁相對惜芳菲 白樂天

二

白露黃花自遶籬 羊士諤 幽香深謝好風吹 寇萊公

陶潛去後無知己 李山甫 一作羅隱 歲歲花開知為誰 李頎

三 凡菊詩中言霜露者甚多至於言雨者惟王龜齡嘗稱范文正公有句云半雨黃花秋賞健云

遶籬黃菊自開天 僧洪覺範 開日仍逢小雨斜 丁寶臣菊第三首句

自得金行真正色 丁寶臣菊第二首句 肯參紅紫鬬紛華 朱希真

四

金英寂寞為誰開 王禹偁 底許清香鼻觀來 張孝祥

籬下先生時得醉 白樂天 餘風千載出塵埃 王荊公

五

滿園佳菊鬱金黄白樂天重陽席上　壽質清癯獨傲霜楊巽齋

且喜年年作花主白樂天花前歎　依然相伴向秋光羅隱菊

六

五行正氣產黄花杜光庭　不在詩家即酒家錢易

詩筆酒盃俱有味元絳　亦同元亮舊生涯本朝江為

七

滿地黄花得意秋失名　移來庭檻助清幽齊唐

自緣禀性天生異 張蓨賢 不與繁華混一流 楊時可

八

籬邊黄菊為誰開 李嘉祐 轉憶陶潛歸去來 高適

插了滿頭仍清酒 邵堯夫 且謀歡洽玉山頽 元澶

九

倚風黄菊逺踈籬 彭應求 自有清香處處知 毛友

今日王孫好收采 鮑溶 濁醪霜蟹正堪持 蘇子由

十

上頁圖

嘉禾草蟲圖（局部）

宋　吳炳　設色絹本　縱 27.3 厘米　横 45.7 厘米　現藏於臺北故宮博物院

吳炳（生卒年不詳），為南宋光宗畫院待詔。傳世作品有《出水芙蓉圖》《嘉禾草蟲圖》《竹雀圖》等。

此圖中繪有水稻兩株，業已出穗，稻叢中蝴蝶飛舞，預示著一片豐收的景象。

下頁圖

水仙圖頁（局部）

宋　趙孟堅　設色絹本　縱 24.6 厘米　横 26 厘米　現藏於北京故宮博物院

趙孟堅（一一九九—一二六四），字子固，號彝齋，宋宗室。擅畫花卉，尤精水仙，用筆流暢秀雅，備受推崇。代表作品有《墨蘭圖》《墨水仙圖》《歲寒三友圖》等。

此圖中水仙一花五葉，展向四周，方向不同但不淩亂，展現了水仙的渺渺雲飛之姿。花蕊處於全圖的中間位置，用色淡雅，用筆雖簡但韻味十足，凸顯了全畫的核心。

跨頁圖

梅竹雙鵲圖頁（局部）

宋 佚名 設色絹本 縱 26 厘米 橫 26.5 厘米 現藏於北京故宮博物院

此圖繪有梅竹與雙雀，寫實工整。兩支梅花從一叢竹間伸出，花開正茂，反而映襯了冬日的清冷。兩隻雀鳥棲在枝頭之上，一上一下，一仰一俯，形神俱備，鳥羽用細筆勾勒而出，質感逼真，與白梅、綠竹相映成趣。

金蘂繁開曉更清 歐陽修 薄霜濃露倍多情 劉原父

歸田誰是淵明興 趙嘏 獨遶東籬萬事輕 周紫芝

十一

叢菊疎疎著短籬 僧璉不器 重陽前後始盈枝 文與可

托根占得中央色 趙宋英見氣候推蒙 不比凡花兒女枝 姜特立

十二

自有淵明方有菊 辛幼安 因人千古得嘉名 韓忠獻

一年好處君須記 蘇東坡 翠葉金華刮眼明 劉原父

十三

東籬黄菊為誰香 王十朋 不學羣葩附艷陽 蘇澄庵

直待素秋霜色裏 廖凝 自甘深處作孤芳 文與可

十四

香霧霏霏欲襲人 蘇東坡 黄花又是一番新 宋邦永見愚園咏史

陶家舊已開三徑 韓治 直到如今迹未陳 楊巽齋

十五

滿眼黄花慰素貧 山谷 年年結侶采花頻 劉禹錫

要收節物歸觴詠 張灝 只許閒人作主人 姜特立

十六

菊花天氣近新霜 陸務觀 節近花須滿意黃 陳後山

陶令籬邊常宿留 曾端伯 朝來滿把得幽香 蘇子由

十七

東籬九日富黃花 曾端伯 節物驚心秪自嗟 許景衡

盡日馨香留我醉 王禹偁 銀瓶索酒不須賒 王十朋

十八

斜照明明射竹籬 僧道潛 寒花能與歲寒期 范文正公

人疑五柳先生宅 周紫芝 消得攜觴與賦詩 鄭谷

十九

黃花弄色近重陽 僧道潛 風折霜苞細細香 江衮

似與幽人為醉地 陸務觀 隨晴隨雨一傳觴 陳與義

二十

可意黃花是處開 蘇東坡 芝蘭風味合相陪 綦宗禮

應須學取陶彭澤 白樂天 左把花枝右把盃 司空圖

白菊 三首

我憐貞白重寒芳 陸龜蒙 小徑低叢淡薄粧 蔡柟

謝女黃昏吟作雪 徐仲車 天然別是一般香 李端叔

二

幽芳天與不尋常 江袞 逆鼻渾疑雪亦香 陳後山一作張潛

把酒可能追靖節 汪彥章 素英一色混瑶觴 邵堯夫只此一句取於五言

三

瓊葩燦彩遶籬東 楊巽齋 不怯清霜更耐風 趙令衿

淡泞精神無俗艷 江袞 獨高流品蕙蘭中 李鼎

黃白菊

金英鑠鑠擅秋芳 楊巽齋 中有孤叢色奪霜 白樂天

手把數枝重疊嗅 邵堯夫 兩般顏色一般香 胡侍郎詩紅白蓮花共一塘云

野菊

一簇踈籬有野花 邵堯夫 不應青女妬容華 洪龜父

繁英自剪無人插 李廌 只有黃蜂趁兩衙 孫仲益

晚菊

青蘂重陽不堪摘杜甫　重陽已過菊方開邵堯夫

不將時節較早晚王十朋　且折霜蕤浸玉醅蘇東坡

殘菊

節去蜂愁蝶不知鄭谷　冷香消盡晚風吹謝無逸

碎金狼藉不堪摘陸務觀菊　空作主人惆悵詩于武陵一作韋莊

引用唐宋名賢詩句

唐二十二名以下人名依集句次第

僧齊已　元微之

釋皎然　司空圖

李白　白樂天

羊士諤　李山甫

李頎　羅隱

李嘉祐　高適

元澶　鮑溶

趙嘏　廖凝

劉禹錫　鄭谷

陸龜蒙　杜甫

于武陵　杜光庭

宋七十名

王禹偁　蘇子由

謝景山　魏野

陸務觀　王荆公

謝無逸　王十朋

梅聖俞　黄山谷

蔡柟　丁寶臣

郤堯夫　余安行

韓忠獻公　洪景盧

文保雍　鄭剛中

陳後山　張芸叟

文與可　田元邈

王彥霖　周麟之

張彥實　蘇東坡

汪彦章　江褒
沈瀛　張子野
歐陽修　聞人善言
曾端伯　王性之
强幾聖　冦萊公
僧洪覺範　朱希真
張孝祥　楊巽齋
錢易　元絳

江為　良祐

齊唐　張齊賢

楊時可　毛友

劉原父　周紫芝

僧璉不器　趙宋英

姜特立　辛㓜安

蘇澄庵　朱邦永

韓治　張灝

許景衡　　僧道潛

范文正公　　陳與義

綦崈禮　　徐仲車

李端叔　　趙令衿

李龏　　胡侍郎

洪龜父　　孫仲益

不記何代 三名

姚揆　　江奎

彭應求

愚自丙申迄于甲辰每得菊之一品一目必稽十衆其言同者然後筆而記之今譜内有六品尚闕其説縁愚曩嘗一見令畦丁罕種未獲再覩以取其的故也凡九年間於吾鄉得正品與濫號假名者總四十五種以次諸譜之後予昨當花時每歲須苦吟體題詩與集句詩一二十篇以揄揚衆品之清致積稔彌久幾至二百篇今選百篇濫贅卷尾至此興盡而絶筆矣爾後雖間有

黄薔薇金萬鈴之類始出此二品首見於虢地品類近時吾鄉亦有之然愚年將耋景則纈眼勘於辨晰未容苟簡增入也如有與我同志者幸為續譜云

百菊集譜卷六

百菊集譜補遺

黄華傳

黄華字季香世家雍州隱於山澤間生男曰周盈曰延年女曰節女皆為神農氏之學歲久苗裔散處天下有黄氏白氏金錢氏金樓氏凡七十餘族而黄氏最顯華少時取青晚節取紫初為内黄令九域志北京大名府有内黄縣嘗開卷讀易至黄中通理粲然笑曰美在其中暢於四支矣

至榮滿而歸南遊楚屈大夫方與江蘺杜蘅及公子蘭作離騷之辭得華喜同嗅味把玩不斁楚人歌之曰有美屈平兮洵潔且清兮咀華之英兮挹我謂我馨兮吕不韋著春秋聞華名氏援筆特書然華靜介自立不能媚俗好至魏文帝時嘗徵華入見神采英發帝喜語鍾繇曰黄華凾乾坤之淳和體芬芳之淑氣宜侍宴金華殿人亦未甚愛也晉陶淵明曠達有高尚之氣然且見華俯加採納曰吾不肯折腰對督郵今為吾子折腰與

語有味（黃菊味甘）華曰吾甘心從先生遊餘子苦口（白菊味苦）何足置齒牙間哉淵明迺翦茅開徑延置家園觴詠陶寫必訪華東籬下握手至曛夕淵明醉眠遣客罷休（罷部買切）華獨露坐不去瓶罄樽空相對悠然江州刺史王弘聞淵明有佳客亟遣白衣致餽淵明貯酒滿船（船謂酒觥）命華拍浮其中以為樂淵明有友徂徠十八公與華齊名蒼髯長身嘗從大夫之後下膏澤有醞藉（膏謂松脂可以釀酒）能製中山醇醪（酒經曰醪汁滓濁酒也東坡松醪賦云製中山之松醪愚按中山在北京以北定州之地）

東坡帥定武日嘗飲此酒作賦華識其非聖人之清十八公曰我自用我家法卿自用卿家法二句出世說子嵩云或問其所以同華曰陶先生自拔於流俗十八公不彫於歲寒華雖當青女降霜亦不變色淮南子秋三月青女乃出以降霜雪高誘注青女天神青娛玉女主霜雪娛乙嬌切愚覽漁隱叢話與高續古緯略並引作青腰玉女是則同時人目為三傑華既經淵明稱賞名聲表表每遇良辰賓朋登高開宴華至天資中正非梔貌蠟言梔貌蠟言出柳文鞭賈說黃衣煜煜意氣閑雅清風徐來德馨襲人至其晚節不與草木俱腐

羣英掃地華獨固蔕歸存曰予自上世以來曉輕身明目之術書名方冊世以為仙且其所居有潭水飲之能制頽齡於華可知矣子孫枝分傲睨冰霜挺有風烈與黄甘陸吉同時東坡有黄甘陸吉傳以為一年好處人到于今稱之贊曰有煜黄華淵乎似道朱紫競時惟華獨也正羣英牢落惟華獨也在莊子德充符受命於天惟舜獨也正受命於地唯松栢獨也在又遇騷人達士着語品題名譽始益光大雖今古常見而風采常新揚子雲曰無仲尼則西山之餓夫與東國之絀

臣惡乎聞非躗言也左哀二十四年是躗言也户快切謂過謬之言夫遇與不遇人物之顯晦繫焉予於黄華亦有感於斯云

鞠先生傳

先生名鞠字華其先為甘氏祖曰節華佐神農著本草書成帝用嘉之乃命竹史差次其功封以沃土位在上品之上既而歸隱於南陽潭之山谷世濟其美人多壽考黄帝嗣興有土徳之瑞色尚黄數用九帝曰爾世有大功於民就錫汝以南陽之土賜姓黄氏世世相承以

九月九受封之日為先生壽名曰嘉節先生明徳惟馨操履貞介恥與庶類競逐繁華雅志清高務堅晚節雖青女横陳而正色不變王公貴人慕其風味爭相迎致然氣類不相合則雖强留納交而先生終不屑意惟田園守拙之士巖谷隱逸之人事之惟謹即與傾葢定盟盃酒不相舍先生雖潛徳不耀然吕令之正四時成周王后服飾之用先生與有力焉所知已者楚有靈均晉有淵明本朝有韓稚圭皆與結好為平生歡近時番禺

崔公寧辭相印不拜自號菊坡而甘心相與徜徉於其所其見貴重於世如此若昔陶隱居陸天隨諸子升堂矣而未入於室也每歲九日上自宫掖下至閭巷各稱豐儉為先生壽白衣送酒漢宫開釀太官賜餻或獻茱囊或薦蓬餌或烹桑苧之茶皆為先生之侶也且貴為天子如唐德宗亦作為歌詩以慶之至於醉卧籬東反栽籬西此又各隨所遇而稱壽者也其本支百世子孫千億散而之四方者不知其幾若夫族類大略則有范

成大諸家之譜在茲不復録

太史公曰先生肇分茅土皆倣其方之色鞠自啓國南陽之後居湘灘彭澤者二千祀不易黃姓自餘散處四方者考其氏而知其方若白氏紅氏則著於西南或言朔庭有墨子（墨者又衆色之後此近世方有）然未嘗與中國盟會故名不顯其在青社者有蒼藍二氏生亦不蕃要之南陽實在中土而黃氏又居方之正得數之中其後宜莫與京白受采土生金又當金天御宇之時宜白之盛亞於黃

彼朱者子信美矣而有富貴濃艷之態不類山林有道者氣象君子尚論盍謹考哉

雜識

胡少瀹菊譜序云嘗試述其七美一壽考二芳香三黄中四後彫五入樂六可釀七以為枕明目而益腦功用甚博神農所以載之上經姬公所以列之爾雅屈大夫所以飡其英而著之離騷呂不韋所以覩其華而編之月令黄鵠下太液武帝形之歌九月九日漢

風俗以為酒自後胡廣袁隗諸人則取其水以為飲食仙人王子喬與陶洪景輩至啖其根葉考其源流葢自上古已知貴重今人但言陶淵明所好殆不得專其美也云云按西京雜記武帝歌曰黄鵠飛兮下建章金為衣兮菊為裳

胡少瀹菊譜後序云子胡子既作菊譜客曰菊之品不一而足然則花之似菊者吾子亦有取乎曰夫疑似之間毫釐之際君子明辨而不恕正以其似是而非有以害道若陽虎之貌似夫子項羽之瞳子如舜其

可以形似而遽信之今菊之為物挹之馨香餌之延齡標致高爽如此自餘小草僅可為臣僕奴隸詎堪望其音影花雖相近乃菊之盜猶小人之效君子非不緣飾其外而胸中之不善詎能自揜余懼夫人他日之耳目或為所惑故以其黨類列之編末

桐蒿花 地丁花 馬蘭

滴滴金 千里光 旋復花

今觀草堂詩餘其中鷓鴣天桃花菊詞有云解將天上千年豔飜作人間九日黄愚謂此黄字最為深病不然改却飜作

二字又檢康伯可詞乃作換得人間九日黃且換得二字用之亦未切當及覈張狀元長短句方知是偷將天上千年艷染却人間九日黃至此意義明白乃知下字之工妙

劉蒙譜菊有順聖淺紫之名愚按皇朝嘉祐中有油紫英宗朝有黑紫神宗朝色加鮮赤目為順聖紫葢色得其正矣詳見塵史

辨疑

按本草與千年方皆言菊花有子愚初以此為疑今觀魏鍾會菊賦其中有芳實離離之言必可取信信非虛語近時馬伯升菊譜有該金箭頭菊其花長而末鋭枝葉可茹最愈頭風世謂之風藥菊無苗冬收實而春種之據此二說則知菊之為花果有結子者明矣

菊花多真假相半難以分別其真菊花蔕子黑而纖若野菊則蔕子有白茸而大味極苦博聞新録

夏菊越人名為滴滴金愚觀胡氏譜乃以此品為菊之

盗蕊因此種枝葉與諸菊不類又至於手撚嗅之絶無其香故胡譜遺之不取愚今之為譜輒反取之者何乃是狥俗泛愛其名耳信此似是而非者也

詩賦

菊華賦　　魏鍾會

何秋菊之可奇兮獨華茂乎凝霜挺葳蕤於蒼春兮表壯觀乎金商延蔓蓊鬱緑坡被崗縹幹緑葉青柯紅芒芳實離離暉藻煌煌微風扇動照耀垂光於是季秋初

月九日數并置酒華堂高會娛情百卉凋瘁芳菊始榮紛葩煌煌或黃或赤圓華高懸準天極也純黃不雜后土色也早植晩登君子徳也冒霜吐頴象勁直也杯中體輕神仙食也乃有毛嬙西施荆姬秦嬴妍姿妖豔一顧傾城擢纖纖之素手雪皓腕而露形仰撫雲髻俯弄芳英

愚齋云今歸玩此賦乃知茲菊非尋常之品必是異於衆者葢其中有云延蔓蓊鬱緣坡被嶺則知此菊之有藤也又云芳實離離暉藻煌煌則知此菊之結子也又云圓華高懸準天極也則知其榦之高決非低小之叢此品必是世謂一丈黄者也

寒蜂採菊蘂詩　耿湋　唐人

遊颺下晴空尋芳到菊叢帶聲來蘂上連影在香中去住霑餘霧高低順過風終慙異蝴蝶不與夢魂通

和洪教菊　古風　林少頴

陶令遺世情尚餘愛菊念菊亦有可愛愛之苦不厭我觀傲霜枝真金赴烈焰道韻輕園綺孤標敵鍼奄配以靖節名萬古不為忝況茲中央色獨許此君占凝然端正姿不受紅紫艷草木吾味同世情那得染璀璨歸來

辭斯言了無玷全文於此有四韻今節之偶亦愛此花秋來朝暮餐富貴兩浮雲天地一旅店是中論饑飽本自無贏欠便擬學淵明奈此才不贍菊資三徑荒酒須十分灩待讀悠然句乃無雍徹僭但論廣文詩瘧愈不須砭

菊花　　劉子翬

芳叢馥郁早抽芽金蘂斕斑晚著花檻小移時爭翁鬱地寒開意少榮華輕烟細雨重陽節曲徑疎籬五柳家比得春蘭休競秀且供幽客泛流霞

晚香堂題詠　　馬揖伯升

愛菊

愛菊吟詩興不窮平生事業在其中成名縱未為詩將立傳猶堪號菊翁

對菊

淵明長醉屈平醒採菊飡英得趣深野老對花醒復醉不同時世却同心

賞菊　花品甚富四時相繼

時時載酒過籬邊無日無花到眼前清賞不須論九日一年長是菊花天

友菊

雨餘深院香猶在霜後疎籬色倍明臭味相投吾與汝不隨時世變枯榮

茹菊

雨餘采擷供晨饌亂簇冰盤翠欲流勝友過從休失笑山居只此當珍饈

淵明菊 單葉白花一名晉菊花之豐腴倍於他菊一榦一花潔白鮮明

一叢瀟洒向寒榮曾結柴桑社裏盟貞白魁奇無附麗固應千載擅芳名

大夫菊 細蘂黄花花可入藥苗亦可茹即今之甘菊也

此花獨抱清高趣人爵安能浼得渠喚作大夫君識否餐英想自楚三閭

處士菊 多葉白花豐潔而閑淡世謂之處士白又有所謂處士黄者花小而繁

皎皎貞芳雅淡容濂溪推許一何公名標隱逸非無意

為有翛然林下風

伴梅菊 多葉白花花獨殿於衆菊

雪蘂霜枝本異花同時一一殿年華誰移五柳先生宅來傍孤山處士家

金錢菊 多葉黄花大如折二錢

一徑黄花伴隱居圓如鵞眼大如榆山翁潤屋惟資汝張武還知有此無

黄金盞菊 千葉黄花大如折二錢細葉相比頗類笑靨兒但中陷而外突耳

九日黄花有意開也應知道白衣來先生必向花前醉故遣花神為捧盃

小金鈴菊 葉類茶蘼叢低枝密金色圓花大如筯頭纍纍相比聚於葉端

時當少皥嚴申令故遣金鈴報晚秋寂寂千林正揺落似將木鐸振衰周

萬鈴菊 花類佛頭黄而豐腴叢高大而扶踈色鮮明而光采

金風鑄出晚秋英造化鑪中巧賦形飛鳥欲來還又去似疑有許護花鈴

玉盤珠菊 名葉白花中數小葉合而為心如珠之圓宛若盤心之承珠也

月斧修成玉一團籬邊清潤逼人寒花心擁出驪龍寶一顆盈盈欲走盤

茶菊 黃色細花花心有芒本草云菊一種紫莖氣香而味甘美葉可羨者為真菊即此是也

靈種初非來北苑仙根却自出南陽且同陸羽烹春雪未許淵明把酒觴

鬧蛾兒菊 細葉淡黃花一花不過三四葉葉各相向如蝶拍之狀聚於枝梢栩栩然若將飛舞也

花神巧剪鬧蛾兒春去飄零無處歸尚有寒枝香信在

故應撲撲滿園飛

墨菊 出於朔庭近世方有

獨抱緇衣對曉寒天然清淡惡華丹多因元亮題詩筆

洒在寒枝濕未乾

對菊有感

矍鑠山翁志未衰生平惟菊供襟期清標慣與霜為敵

貞節不求春見知把酒相忘陶栗里採苕同調陸天隨

浮榮過眼真堪笑秋晚論交更有誰

白菊

寒香獨立向吾廬風采精神與衆殊細琢水晶成格範巧裁雲母作肌膚霜凝葉辦疑何厚露滴花心認却無縱使雜居流品内知君浩浩不能汙

紫菊

紫府羣仙衣紫霞却嗔素節不繁華移將西掖三秋色散作東籬九日花荷槖旁觀難入社茱囊相與是通家靚莊麗服還同調莫向西風立等差

鑄淳祐壬寅之夏嘗序菊譜刋梓以便夫觀覽越數年忽得晚香堂百詠開伏讀則知馬君先輩酷愛此花無日而不以為樂亦嘗作譜於淳祐壬寅之秋愚味其詩立意清新造語騷雅體題明白世所未有也第愧鑄耄拙非才不足追攀英躅又不識隱居燕逸何方與吾鄉限隔江山幾許里而獲聞賢士君子志同道合如此登堂拜面其願莫遂實勞我心今姑摭二十篇附於右將以益衍其傳云

續集句詩　　史鑄

種菊

春初種菊助盤蔬蘇子由　益氣輕身載舊圖劉摯舊圖謂本草也

終藉九秋扶正色鄭剛中　芳時偷得醉工夫白居易

菊花五首

不受陽和半點恩李山甫　不嫌青女到孤根盧彥德見盛山集

年年歲歲花相似劉庭芝見詩話總龜　誰為陶潛買酒樽陳元老見城山詩集

二

粲粲秋香雨露葩 趙宗英 天教晚發賽諸花 劉禹錫

輕烟細雨重陽節 劉子翬 且盡芳樽戀物華 杜甫

三

漸覺西風換物華 朱升見宋百家詩續選 秋叢繞舍似陶家 元微之

世人若覔長生藥 古道情詩下句只達灰心是大還 百草枯時始見花 歐陽永叔

四

代謝相因寒事催 趙宗英 繞籬踈菊又花開 許渾

霜晴日淡虛庭裏 葛吏部見歸愚集 多少清香透入來 陸龜蒙

五

不是餐英泥楚騷 吴莘見寒綠詩集 重陽菊蘂泛香醪 宋白

尋常不醉此時醉 邵堯夫 陶令拋官意獨高 葉夢得

黄菊 九首

百卉千花了不存 陸務觀 獨開黄菊伴金樽 陶弼

欲知却老延齡藥 歐陽永叔 誰信幽香是返魂 東坡

二

菊是去年依舊黄 南唐後主李煜上句鬓從今日添新白 風從花裏過來香 黄魯直上句水向石邊流出冷云

杯中要作茱萸伴葛吏部乃丞相邲之父更領詩人入醉鄉胡曾

三

白酒新熟山中歸李白風雅韻作新熟碑本作初熟黃花漠漠弄秋暉王荆公

東籬採菊隱君子王十朋醉覺人間萬事非失記名上句霜柑糟蟹新醅熟

四

汪彥章菊詩嚴巍羽葆雜金規

羽葆曾曾間采金姜特立醉來不厭遶叢吟賈島

滿頭且應良辰插韓忠獻公不插滿頭辜此心王荆公

五

籬外黄花菊對誰 嚴武附杜甫詩集 應知彭澤久思歸 王禹偁

有花堪折直須折 李錡見杜牧樊川集杜秋娘詩注 新酒初篘蟹正肥 趙端行見高疎寮䟦西里詩稿

六 第三句亦可作今朝有酒何妨醉但不知何人所作

無限黄花簇短籬 蘇子由 幽香深謝好風吹 寇平仲

勸君終日酩酊醉 李賀 莫待無花空折枝 李錡

七

花裏風神菊擅名 陸務觀贈菊見茶蘼庵集 綠枝黄蘂有高情 張嵲字巨山

詩人不悔衣霑露 范希文 步入芳叢脚自輕 王之道見相山居士集

八

幸無風雨近重陽僧法顯見游丞相諱序適庵詩集　折取蕭蕭滿把黃崔德符

酒面浮英愛芬馥梅聖俞　銀觥須引十分强李清臣

九

不與羣芳競魏野　宜乎殿顥商邵堯夫

露從今夜白杜甫　菊是去年黃南唐李後主

九日陶公酒陳襄字述古　一生青女霜羅隱

有同高士操王之道字彥猷　得爾慰淒涼翁龜翁

白菊

玉攢碎葉塵難染 江袤 露濕香心粉自勻 朱喬年見憂玉集

一夜小園開似雪 朱貞白 清香自是藥中珍 許景衡

野菊 二首

熠熠溪邊野菊黄 東坡 風前花氣觸人香 郃堯夫

可憐此地無車馬 韓退之 掃地為渠持一觴 陸放翁

二

野花無主為誰芳 陸務觀 酒熟漁家擘蟹黄 山谷詩句

遇酒逢花須一笑（山谷詞句）故留秋意作重陽（陳後山）

晚菊

節過霜風衮衮來（許景衡）菊花寂寞晚仍開（劉滄）

誰云既晚何用好（王十朋）為我殷勤送一杯（白樂天）

殘菊

天地方收肅殺功（陸務觀拒霜花）菊枝傾倒不成叢（陸務觀九月晦日）

碎金狼藉不堪摘（陸務觀殘菊）圖得人知色是空（僧詠槿花上句朝開暮落緣何事云）

引用唐宋名賢詩句（其名已具入前編者今不再具）

唐 九名

許渾　李後主

胡曾　賈島

嚴武　李錡

李賀　韓退之

劉滄

宋 二十一名

劉摯　盧彥德

劉庭芝　陳元老

劉子翬　朱弁

葛吏部　吴萃

宋白　葉夢得

陶弼　趙端行

張峋　王之道

僧法顯　崔德符

李清臣　陳襄

翁龜翁　朱喬年

朱貞白

詞

瑞鷓鴣 按前人所作有以平聲字起或有以仄聲字起二者皆通

詠桃花菊　史鑄

底事秋英色厭黄喜行春令借紅粧謝天分付千年品特地攙先九日香 此花八月半開愚先以千年對三徑緣三字是平聲不叶宫調故改作九日但犯前賢已用之對 陶令駭觀須把酒崔生瞥見誤成章蜂情

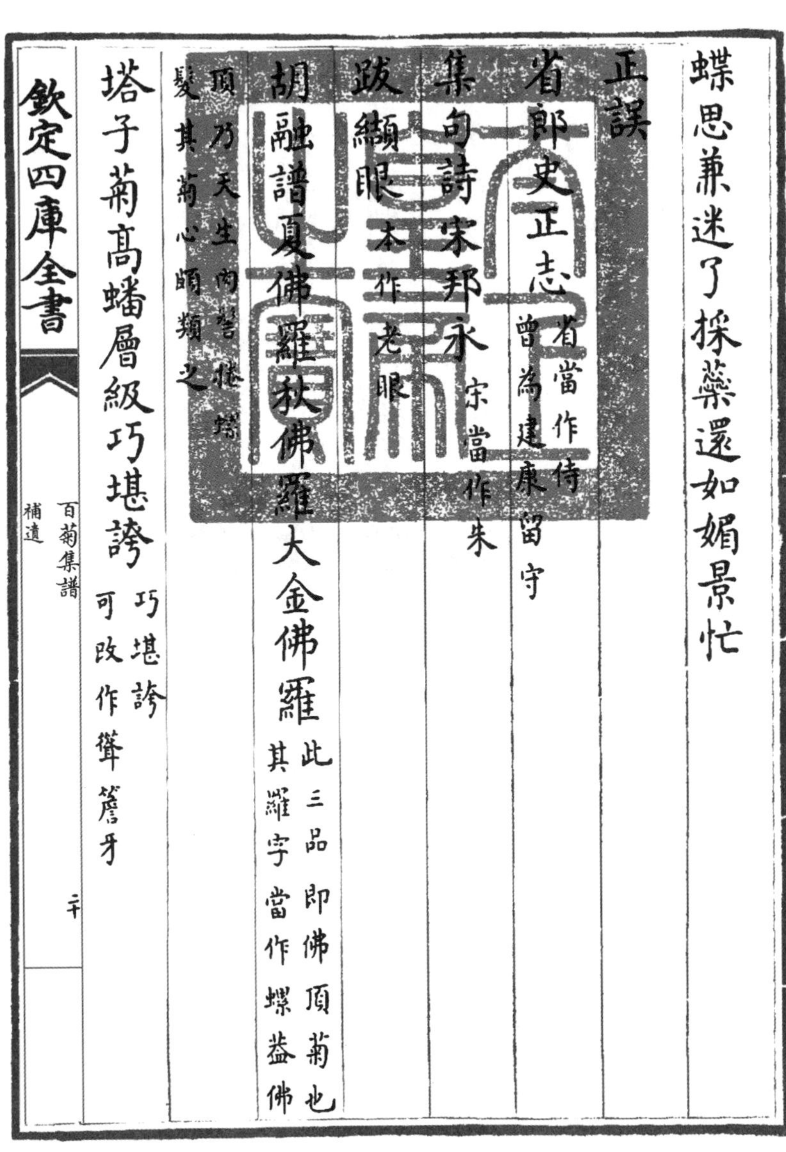

蝶思兼迷了採藥還如媚景忙

正誤

省郎史正志 省當作侍曾為建康留守

集句詩宋邦永 宋當作朱

跋纈眼 本作老眼

胡融譜夏佛羅秋佛羅大金佛羅 此三品即佛頂菊也其羅字當作螺蓋佛頂乃天生肉髻捲螺髮其菊心酷類之

塔子菊高蟠層級巧堪誇 巧堪誇可改作聳簷牙

大笑菊不費千金亦可誇 可改作百媚千金不足誇 亦可作誰把千金競好奢

饅頭菊 前編可改云 離火供炊餅餅圓幽人飱飽向籬邊摘歸閑與癡兒説也使心憔口墮涎

石菊花瓣五出或有名爲千葉者其實十餘瓣也有深紅粉緣者 此品花瓣上下各一色向上一邊深紅色向下一邊白色其上面粉緣乃接下色也

八・金漳蘭譜

宋・趙時庚

欽定四庫全書　　子部九

金漳蘭譜　　譜録類草木禽魚之屬

提要

臣等謹案金漳蘭譜三卷宋趙時庚撰時庚為宋宗室子不知其官爵以輩行推之蓋魏王廷美之第九世孫也是書亦載於說郛中而佚其下卷此本三卷皆備獨為完善其敘述蘭事首尾亦頗詳贍大抵與王貴學蘭譜

相爲出入若大張青蒲統領之類此書但列其名及華葉根莖而已王氏蘭譜則詳其得名之由曰大張青者張其姓讀書巖谷得之蒲統領者乃淳熙間蒲統領引兵逐寇至一所得之蓋記載互有詳畧彼此相參均可以資攷證焉首有紹定癸巳時庚自序又嘗有嬾真子䟦語亦稱本三卷云乾隆四十九年閏三月恭校上

總纂官臣紀昀臣陸錫熊臣孫士毅

總校官臣陸費墀

金漳蘭譜原序

予先大夫朝議郎自南康觧印還卜里居築茅引泉植竹因以為亭會宴乎其間得郡侯博士伯成名其亭曰筼簹世界又以其東架數椽自號趙翁書院回峰轉向依山疊石盡植花木藂雜其間繁陰之地環列蘭花掩映左右以為游憩養疴之地予時尚少日在其中每見其花好之艷麗之狀清香之㚸目不能捨手不能釋即詢其名默而識之是以酷愛之心殆幾成癖粤自嘉定

改元以後又采數品高出於向時所植者予嘉而求之故盡得其花之容質無失封培愛養之法而品第之殆今三十年矣而未嘗與達者道暇日有朋友過予會詩酒琴瑟之後倐然而問之予則曰有是哉即縷縷為之詳言友曰吁亦開發後覺一端也與其一身可得而私有何不予諸人以廣其傳予不得辭因列為三卷名曰金漳蘭譜欲以續前人牡丹荔枝譜之意余以是編紹定癸巳六月良日濳齋趙時庚謹書

上頁圖

蜀葵圖（局部）

宋　佚名　設色絹本　縱 31 厘米　橫 34 厘米

此圖為單一的花卉寫生圖，運筆流暢，花葉斜出，枝幹折而不彎，多了幾分傲骨，其葉片顏色深淺不一，又添了幾分樸素之美，使得更加立體傳神，盡得寫生之妙。

下頁圖

海棠圖（局部）

宋　林椿　設色絹本　縱 23.4 厘米　橫 24 厘米　現藏於臺北故宮博物院

林椿（生卒年不詳），南宋畫家，曾任畫院待詔，擅長花鳥草蟲與果品，以小品為主，善於體現自然的形態。代表作有《梅竹寒禽圖》《果熟來禽圖》《葡萄草蟲》《枇杷山鳥圖》等。

此圖繪有海棠一枝，上半部海棠花開正艷，下半部海棠花含苞待放，其花以白粉為底色，薰染以胭脂紅。整幅圖構思巧妙，展現了海棠的艷美高雅、清新脫俗之態。

跨頁圖

寫生紫薇（局部）

宋　衛昇　設色絹本　縱31厘米　橫28厘米　現藏於臺北故宮博物院

衛昇（生卒年不詳），南宋畫家。此圖中紫薇由左下方伸出，淡紫色的花與綠色的枝葉相搭配，體現了紫薇花淡雅高潔的特色。

此圖中的紫薇花瓣已落，祇剩下花托挺立枝頭。花瓣中心用深色填充，逐漸過渡到淺色邊緣，層次分明。

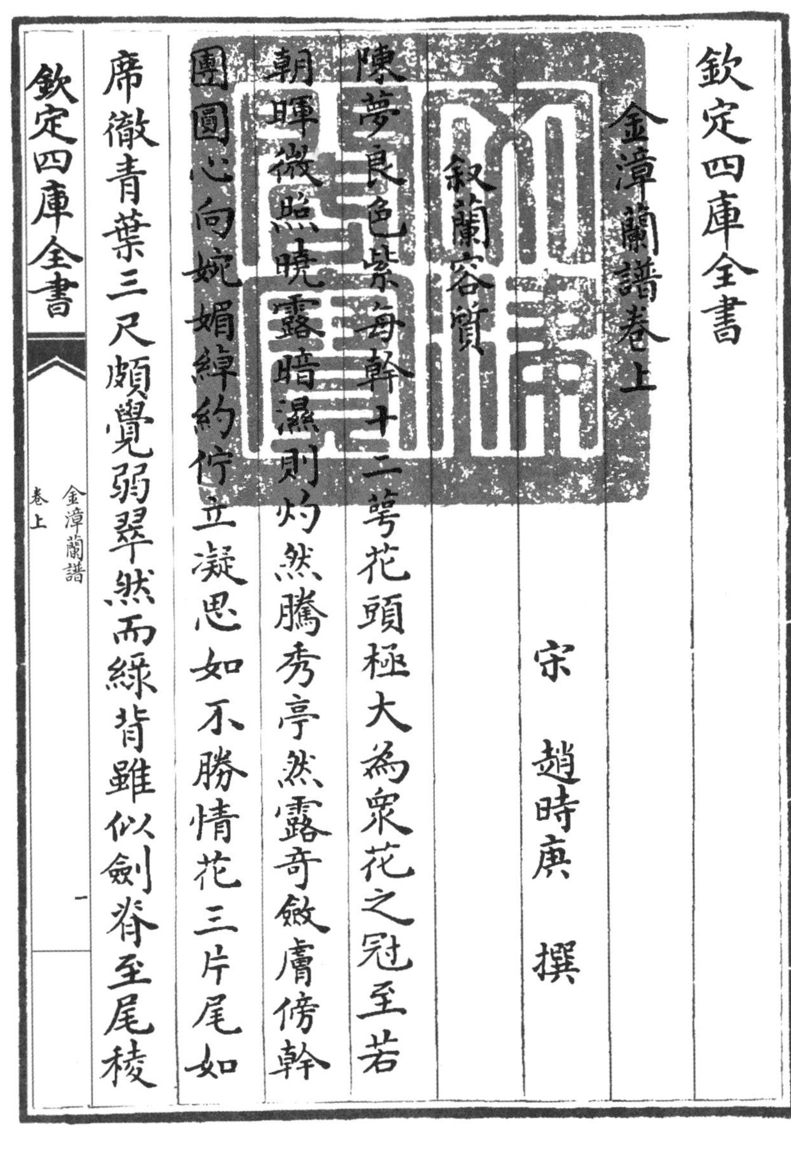

欽定四庫全書

金漳蘭譜卷上

宋 趙時庚 撰

敘蘭容質

陳夢良色紫每幹十二萼花頭極大為衆花之冠至若朝暉微照曉露暗濕則灼然騰秀亭然露奇斂膚傍幹團圓心向婉媚綽約佇立凝思如不勝情花三片尾如席徹青葉三尺頗覺弱翠然而綠背雖似劍脊至尾稜

則軟薄斜撒粒許帶緇最為難種故人稀得其真

吳蘭色深紫有十五萼榦紫英紅得所養則岐而生至有二十萼花頭差大色映人目如翔鸞翥鳳千態萬狀葉則高大剛毅勁節蒼然可愛

潘花色深紫有十五萼榦紫圓匝齊整疏密得宜疏不露榦密不簇枝綽約作態窈窕逞姿真所謂艷中之艷花中之花也視之愈久愈見精神使人不能捨去花中近心所色如吳紫艷麗過於衆花葉則差小於吳峭直

雄健衆莫能比其色特深或云仙霞乃潘氏西山於仙霞嶺得之故人更以為名

趙十四色紫有十五萼初萌甚紅開時若晚霞燦日色更晶明葉深紅合於沙土則勁直肥聳超出羣品亦云

趙師傅蓋其名色

何蘭紫色中紅有十四萼花頭倒壓亦不甚緑

品外之奇

金殿邊色深紫有十二萼出於長泰陳家色如吳花片則差

小榦亦如之葉亦勁健所可貴者葉自尖處分二邊各一線許直下至葉中處色映日如金線其家寶之猶未廣也

白蘭

濟老色白有十二萼標致不凡如淡妝西子素裳縞衣不染一塵葉與施花近似更能高一二寸得所養致歧而生亦號一線紅

竈山有十二萼色碧玉花枝開體膚鬆美顒顒昂昂雅特閑麗真蘭中之魁品也每生並蔕花榦最碧葉綠而

瘦薄開花生子蒂如苦藚菜葉相似呼為緑衣郎黄郎亦號為碧玉幹

施花色微黄有十五萼合並幹而生計二十五萼或迸於根美則美矣每根有萎葉朶朶不脫細葉最緑微厚花頭似開不開幹雖高而實貴瘦葉雖勁而實貴柔亦花中之上品也

李通判色白十五萼峭特雅淡迎風浥露如泣如訴人愛之比類鄭花則減頭低葉小絶佳劔脊最長真花中

之上品也惜乎不甚勁直

惠知容色白有十五蕚賦質清癯團簇齊整或向或背嬌于瘦困花英淡紫片色尾凝黄葉雖綠茂細而觀之但亦柔弱

馬大同色碧而綠有十二蕚花頭微大開有上向者中多紅暈葉則高聳蒼然肥厚花榦勁直及其葉之低亦名五暈絲上品之下

鄭少舉色白有十四蕚瑩然孤潔極為可愛葉則脩長

而瘦散亂所謂蓬頭少舉也亦有數種只是花有多少葉有軟硬之别白花中能生者無出於花其花之色姿質可愛為百花之翹楚者

黄八兄色白十二萼善於抽幹頗似鄭花惜乎幹弱不能支持葉緑而直

周染花色白十二萼與鄭花無異等幹短弱耳

夕陽紅花八萼花片凝火色則凝紅夕陽返照於物

觀堂主花白有七萼花聚如簇葉不甚高可供婦人曉

妝

名弟色白有五六萼花似鄭葉最柔軟如新長葉則舊葉隨換人多不種

青蒲色白有七萼挺肩露骨甚類竈山而花潔白葉小而直且緑只高尺五六寸

弱脚只是獨頭蘭色緑花大如鷹爪一榦一花高二三寸葉瘦長二三尺入臘方花薫馥可愛而香有餘

魚鱿蘭十二萼花片澄徹宛如魚鱿采而沈之水中無

影可指葉則頹勁色綠此白蘭之竒品也

品蘭髙下

余嘗謂天下凡幾山川而其支派源委與夫人跡所不至之地其間山坳石罅斜谷幽竇又不知其幾何多遇古之修竹蟲空之危木靈種覆擭溪澗盤旋森羅蔽道暉陽不燭泠然泉聲磊乎萬狀隨地之異則所產之多人賤之蔑如也倏然經乎樵牧之手而見駭然識者從而得之則必攜持登髙岡涉長途欣然不憚其勞中心

之所好者何耶不能以售販而置之也其他近城百里浅小去處亦有數品可服何必求諸深山窮谷每論及此往往啓識者雖有不避之謂毋及也邇而氣殊葉萎而花蠹或不能得培植之三昧者耶是故花有深紫有浅紫有深紅有浅紅與夫黄白緑碧魚魫金縷邊等品是必各因其地氣之所鍾而然意亦隨其本質而產之歟抑其皇穹儲精景星慶雲垂光遇物而流形者也噫萬物之殊亦天地造物施生之功豈予可得而輕哉竊

嘗私合品第而類之以為花有多寡葉有强弱此固因其所賦而然也苟惟人力不知則多者從而寡之强者又從而弱之使夫人何以知其蘭之高下其不誤人者幾希嗚呼蘭不能自異而人異之耳故必執一定之見物品藻之則有炎然之性在況人均一心心均一見眼力所至非可語也故紫花以陳夢為甲吳濡為上品中品則趙十四何蘭大張青蒲統領陳八尉淳監糧下品則許景初石門紅小張蕭仲和何首座林仲孔莊觀城

外則金殿邊為紫花奇品之冠也白花則濟老竈山施花李通判惠知容周大同為上品所為鄭少舉黃八兄周染為次下品夕陽紅雲嬌朱花觀堂主青蒲名第弱鄉王小娘者也趙花又為品外之奇

天地愛養

天不言而四時行百物生蓋歲分四時生六氣合四時而言之則二十四氣以成其歲功故凡盈穹壤者皆物也不以草木之微昆蟲之細而必欲各遂其生者則在

乎人因其氣候以生全之者也彼動植者非其物乎及草木者非其人乎斧斤以時入山林數罟不入洿池又非其能全之者乎夫春爲青帝回馭陽氣風和日暖蟄雷一震而土脉融暢萬彚蘇生其氣則有不可得而揜者是以聖人之人則順天地以養萬物必欲使萬物得遂其本性而後已故爲臺太高則撞陽太低則隱風前宜面南後宜背北盖欲通南薰而障北吹也地不必曠曠則有日亦不必狹狹則蔽氣右宜近林左宜近野欲

引東日而避西陽夏遇炎熱則蔭之冬逢沍寒則曝之下沙欲疏疏則連雨不能淫上沙欲濡濡則酷日不能燥至於插引葉之架平護根之沙防蚯蚓之傷禁螻蟻之穴去其莠草除其細蟲助其新篦剪其敗葉此則愛養之法也其餘一切窠蟲族類皆能蠹花並可除之所以封植灌溉之法詳載於後卷

金漳蘭譜卷上

欽定四庫全書

金漳蘭譜卷中

宋 趙時庚 撰

堅性封植

草木之生長亦猶人焉何則人亦天地之物耳閒居暇日優游逸豫飲膳得宜以蘭而言之具一盆盈满自非六七載莫能至此皆由夫愛養之念不替灌溉之功愈久故根與土合性與壤俱然後森鬱雄健敷暢繁麗其

花葉蓋有得於自然而然者合焉欲分而析之是裂其根荄易其沙土況或灌溉之失時愛養之乖宜又何異於人之飢飽則燥濕干之邪氣來間入其榮衛則不免有所侵損所謂向之寒暑適宜肥瘦得時者此豈一朝一夕之所能成也故必於寒露之後立冬以前而分之蓋取萬物得歸根之時而其葉則蒼根則老故也或者於此時分一盆呉蘭欲其盆之端正則不忍擊碎因剔出而根已傷暨三年培植始能暢茂予令深以為戒欲

分其蘭而須用碎其盆務在輕手擊之亦須緩緩解析其交互之根勿致有拔斷之失然後遂篦篾取出積年腐蘆頭只存三年者每三篦作一盆盆底先用沙填之即以三篦篾之互相枕藉使新篦在外作三方向却隨其花之好肥瘦沙土從而種之盆面則以少許瘦沙覆之以新汲水一勺定其根更有收沙晒之法此乃又分蘭之至要者當預于未分前半月取之篩去瓦礫之類曝令乾燥或欲適肥則宜淤泥沙可用便糞夾和惟晒

之候乾或復濕如此十度視其極燥更須篩過隨意用葢沙乃久年流聚雖居冰濕之地而蘭之驟加分析失性須假以陽物助之則來年藂莛自長與舊藂比肩此其效也夫茍不知収晒之宜用積滓之沙或憚披曝必至羸弱而黄葉者亦有之莛之不發者有之積有日月不知體察其失愈甚候其已蘇方始易沙滌根加意調護易其能復不亦後乎抑又知其果能復焉如其稍可前活有幾何時而或遂本質耶故保為耐惜之因併為

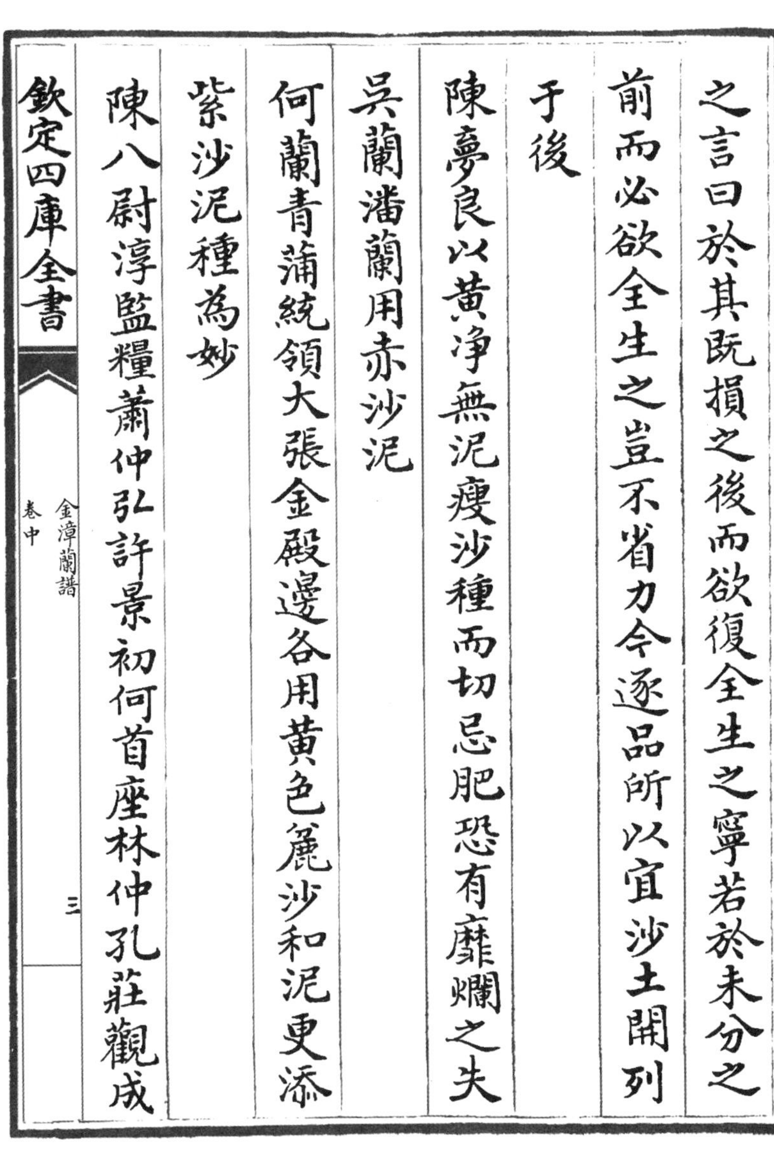

之言曰於其既損之後而欲復全生之寧若於未分之前而必欲全生之豈不省力令逐品所以宜沙土開列于後

陳夢良以黃淨無泥瘦沙種而切忌肥恐有靡爛之失

吳蘭潘蘭用赤沙泥

何蘭青蒲統領大張金殿邊各用黃色麗沙和泥更添紫沙泥種為妙

陳八尉淳監糧蕭仲弘許景初何首座林仲孔莊觀成

乃下品極意培護為妙

濟老施花惠知容馬大同鄭少舉黄八兄周染宜溝壑中黑沙泥和糞壤種之

李通判竈山朱蘭鄭伯善魚魫用山下流聚沙泥種夕陽紅以下諸品則任意栽種此封植之槩論

灌溉得宜

夫蘭自沙土出者各有品類然亦因其土地之宜而生長之故地有肥瘠或沙黄土赤而瘠有居山之巔山之

岡或近水或附石各依而產之要在度其本性何如耳不可謂其無肥瘦也苟性不能别白何者當肥强出己見混而肥之則好高腴者因得所養之天花則輕而繁葉則雄而健所謂好瘦者不因肥而腐敗吾未之信也一陽生於子荄甲潛萌我則注而灌溉之使縕中者稍獲强壯迨夫萌芽迸沙高未及寸許從使灌之則截然卓𦒿暨南薰之時長養萬物又從而漬潤之則脩然而高欝然而蒼若者精於感遇者也秋八月初交𤗿陽方

孅根葉失水欲老而黄此時當以濯魚肉水或穢腐水澆之過時之外合用之物隨宜澆注使之暢茂亦以防秋風肅殺之患故其葉弱拳拳然抽出至冬而極夫人分蘭之次年不與發花者蓋恐泄其氣則葉不長耳凡善於養花切意愛其葉葉聳則不慮其花之不繁盛也

紫花

陳夢良極難愛養稍肥隨即腐爛貴用清水澆灌則佳也

湽蘭雖未能愛肥須以茶清沃之兾得其本地土之性

吴花看來亦好種肥亦灌漑之一月一度

趙花何花大張小張青蒲統領金殿邉半月一澆其肥

則可焉

陳八尉淳監糧蕭仲和許景初何首座林仲孔莊觀成

縱有大過不及之失亦無大害於用肥之時當俟沙土

乾燥遇晚方加灌漑候曉以清水碗許澆之使肥膩之

物得以下漬其根使其新來未發之篦自無勾蔓逆上

散亂盤盆之患更能預以𥦗缸之物蓄雨水積久色綠者間或進灌之而其葉則潑然挺秀濯然爭茂盈臺簇檻列翠羅青縱無花開亦見雅潔

白花

濟老施花惠知容馬大同鄭少舉黄八兄周染愛肥一任灌溉李通判竈山鄭伯善肥在六之中四之下又朱蘭亦如之

魚魫蘭質瑩潔不須過肥徐以穢腻物汁澆之夕陽紅

雲嬌青蒲觀堂主名弟弱卿肥瘦種亦當觀其土之燥晚則灌注曉則清水灌之欲儲蓄雨水令其色緑沃之為妙

惠知容等蘭用排沙篏去泥塵夾糞盖泥種底用麁沙和糞鄭少舉用糞盖泥和便晒乾種已上面用紅泥覆之竈山用糞壤泥及用河沙内草鞋屑鋪四圍種之累試甚佳大凡用輕鬆泥皆可

濟老施花用糞泥用零小便糞澆濕攤晒用草鞋屑圍

種又竈山用園泥下有糞澆濕泥種四圍用草鞋屑然後種之

跋

余嘗身安寂然一榻之中置事物之冗來紛至之外度極長篆香芬馥怡神默坐峰日一視不覺精神自恬然也種蘭之趣然之否乎潛齋趙時庚敬為三卷以俟知音余於循修歲之暇窻前植蘭數盆盖別觀其生意也每日一周旋其側撫之太息愛之太勤非徒悦目又且

悅心怡神其茅茸其葉青青猶綠衣郎挺節獨立可敬可慕迫夫開也凝情瀼露萬態千妍薰風自来四坐芬郁豈非真蘭室乎豈非有國香乎親朋過訪遺以蘭譜予按味再三盡得愛之養之之法因其譜想其人又豈非因聲揚馥實乎時己卯歲中和節望日嬾真子李子謹跋

金漳蘭譜卷中

欽定四庫全書

金漳蘭譜卷下

宋　趙時庚　撰

奥法

分種法

分種蘭蕙須至九月節氣方可分栽十月節候花已胎孕不可分種若見雪霜大寒猶不可分栽否必損花

栽花法

花盆先以麓碗或麓碟覆之於盆底次用爐炭鋪一層然後却用肥泥薄鋪炭上使蘭栽根在土如根糝泥滿盆面上留一寸地栽時不可雙手將泥捏實則根不長其根不舒暢葉則不長花亦不結土有乾濕依時候用水澆灌

安頓澆灌法

春二三月無霜雪天放花盆在露天四向皆得水澆日晒不妨逢十分大雨恐隊壞其葉則以小繩束起葉如連

雨三五日須移避暑通風處四月至八月須用踈眼竹籠籃遮護蓋見日氣最要通風

梅天忽逢急雨須移花盆放背日處若逢大雨又逢日晒盆内熱水則盪害葉亦損根過雨時若枝上花蕋頭多候開次有未開一兩蕋頭便可剪去若留開盡則奪了來年花信

九月看花乾處用水澆灌若濕則不可澆或用肥水培灌一兩番不妨冬十月十一月十二月正月不澆不妨最怕霜

雪須用密籃遮護安頓朝陽有日照處在南窗簷下但是向陽處三兩日一番施轉花盆四面俱要輪轉日晒均匀開花時則四畔皆有花若晒一面只一處有花

澆花法

用河水或陂塘水或積留雨水最好其次用溪澗水切不可用井水澆水須於四畔澆匀不可從上澆下恐壞其葉也

四月若有梅雨不必澆若無雨時澆之五月至八月須

是早起五更日未出澆一番至晚黃昏澆一番又要看花乾濕若濕則不必澆如十分濕恐爛壞其根

種花肥泥法

栽蘭用泥不管四時遇山上有火燒處取水流火燒浮泥尋蕨菜草燒灰和火燒之泥用或拾舊草鞋放在小糞中浸日久拌黃泥燒過黃灰却用大糞澆放在一壁儘數雨打日照三兩箇月収起頓放閒處栽花時用瑞香花種時用前項肥泥如栽蘭花一般安排盆内種

只要泥鬆不可用實泥如栽花時將泥打鬆以十分為率八分用肥泥二分用沙泥拌之

去除蟣蝨法

肥水澆花必蟣蝨在葉底恐壞葉則損花如生此物研大蒜和水以白筆蘸水拂澆葉上乾净去除蟣蝨

雜法

遇盆内泥將乾則用茶清水灌澆不拘時用須用河水或留下雨水切不可用井水四月有花至八月内交遇

九月節氣便可分花

蘭之壯者有二三十箇花頭弱者只有五六箇花頭恐泥瘦分時種無盆内泥取出再加肥泥和匀入盆栽種魚鱗水亦肥須是浸得氣味過日久反清用

尋常盆面泥乾併實則用竹篦挑剔泥鬆休要撥根動了葉紫紅色則是被霜打了須移於兩簷窓下背霜雪處安頓仍舊白青盆有竅孔不要着泥地安頓恐地濕

蚯蚓鑽入盆内則損壞花又休要放盆在馬蟻穴處恐

引入馬螘則損花黄葉用茶清澆灌遇有黄葉處連根披去花盆要放得南邉架上安頓令風從底入爲妙又免得蚯蚓馬蟻之患

九月分花時用手擘開擘不開時用竹刀擘之休要損動了根分訖如法栽種

金漳蘭譜卷下

九・海棠譜

宋・陳思

欽定四庫全書　　　子部九

海棠譜　　　譜録類　草木禽魚之屬

提要

臣等謹案海棠譜三卷宋陳思撰思有寶刻叢編已著録此書不見於宋史藝文志惟焦竑國史經籍志載有三卷與此本合前有開慶元年思自序文頗淺陋蓋思本書賈終與文士異也上卷皆録海棠故實中下二卷則

録唐宋諸家題咏而栽種之法品類之别僅於上卷中散見四五條葢數典之書惟以隸事為主者然搜羅不甚賅廣今以錦繡萬花谷全芳備祖諸書所類海棠事相較其故實似稍加詳而題咏則多闕略如唐之劉禹錫賈島宋之王珪楊繪朱子張孝祥王十朋諸家爲陳景沂所收者此書並未録及然如張泊程琳宋祁李定之類亦有此書所有而陳

氏脱漏者蓋當時坊本各就所見裒集成書故互有詳略以宋人舊帙姑並存之以資參核云爾乾隆四十九年閏三月恭校上

總纂官臣紀昀臣陸錫熊臣孫士毅

總校官臣陸費墀

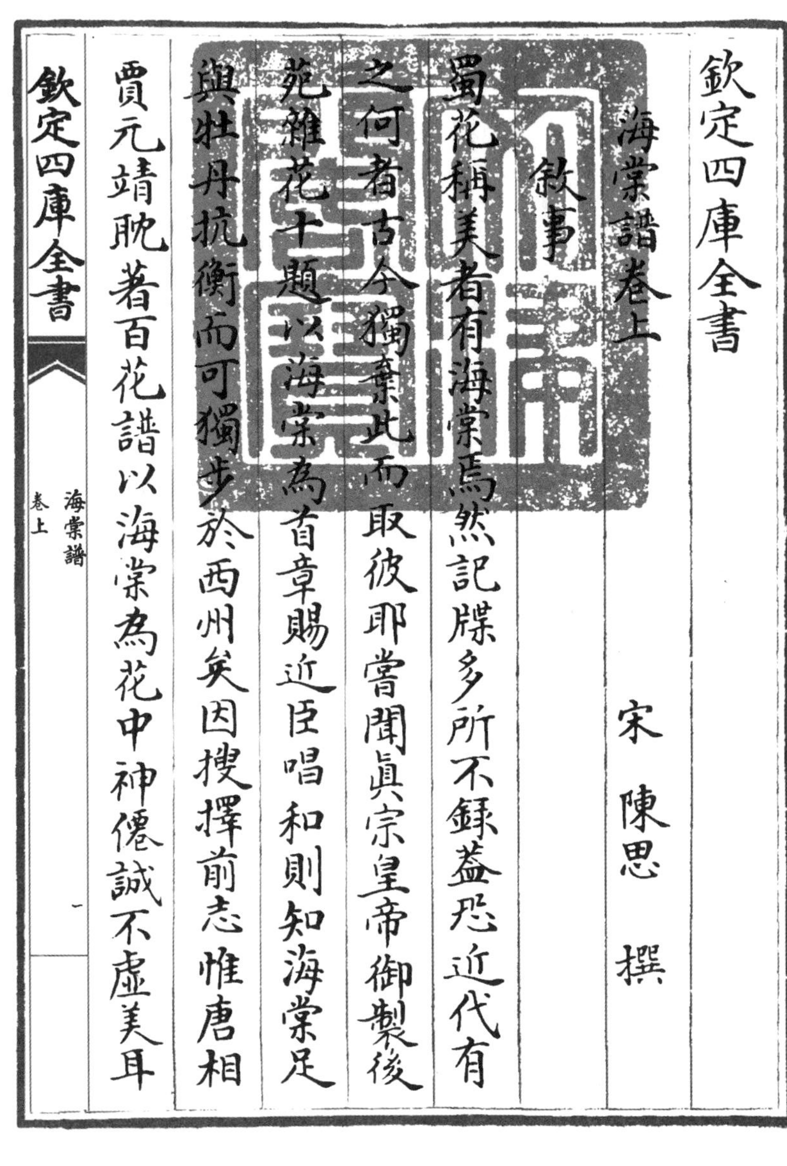

欽定四庫全書

海棠譜卷上　　宋　陳思　撰

敘事

蜀花稱美者有海棠焉然記牒多所不録蓋恐近代有之何者古今獨棄此而取彼耶嘗聞眞宗皇帝御製後苑雜花十題以海棠為首章賜近臣唱和則知海棠足與牡丹抗衡而可獨步於西州矣因搜擇前志惟唐相賈元靖耽著百花譜以海棠為花中神僊誠不虛美耳

近世名儒巨賢發于歌詠清辭麗句往往而得立慶歷中為縣洪雅春多暇日地富海棠幸得為東道主惜其繁艷為一隅之滯卉為作海棠記敘其大槩及編次諸公詩句于右復率蕪拙作五言百韻詩一章四韻詩一章附于卷末好事者幸無誚焉沈立海棠記序

棠之稱甚衆若詩有蔽芾甘棠又曰有杕之杜又爾雅釋木曰杜甘棠也郭璞注今之杜梨杜赤棠白者棠又呂氏春秋果之美者棠實又俗説有地棠棠梨沙棠味如李無

核較是數説俱非謂海棠也凡今草木以海為名者酉陽雜俎云唐贊皇李德裕嘗言花名中之帶海者悉從海外來故知海棃海柳海石榴海木瓜之類俱無聞於記述豈以多而為稱耶又非多也誠恐近代得之於海外耳又杜子美海棃行云欲裁北辰不可得惟有西域胡僧識若然則贊皇之言不誣矣海棠雖盛稱於蜀而蜀人不甚重今京師江淮尤競植之每一本價不下數十金勝地名園目為佳致而出江南者復稱之曰南海

棠大抵相類而花差小色尤深耳棠性多類梨核生者長遲逮十數年方有花都下接花工多以嫩枝附梨而贅之則易茂矣種宜壚壤膏沃之地其根色黄而盤勁其木堅而多節其外白而中赤其枝柔密而脩暢其葉類杜大者縹緑色而小者淺紫色其紅花五出初極紅如臙脂點點然及開則漸成纈暈至落則若宿粧淡粉矣其蔕長寸餘淡紫色於葉間或三蕚至五蕚為叢而生其蘂如金粟蘂中有鬚三如紫絲其香清酷不蘭不

爵其實狀如梨大若櫻桃至秋熟可食其味甘而微酸茲棠之大槩也沈立海棠記

杜子美居蜀累年吟詠殆遍海棠奇艷而詩章獨不及何耶鄭谷詩云浣花溪上空惆悵子美無情為發揚是已本朝名士賦海棠甚多往往皆用此為實事如石延年云杜甫句作略薛能詩未工錢易詩云子美無情甚都官著意頻李定詩云不需工部風騷力猶占勾芒造化權獨王荆公詩用此作梅花詩最為有意所謂少陵

為爾韋詩興可是無心賦海棠末句云多謝許昌傳雅什蜀都曾未識詩人不道破為尤工也韻語陽秋

東坡海棠詩曰只恐夜深花睡去更燒銀燭照紅粧事見太眞外傳曰上皇登沈香亭召太眞妃于時卯醉未醒命力士使侍兒扶掖而至妃子醉韻殘粧鬢亂釵横不能再拜上皇笑曰豈妃子醉是海棠睡未足耳冷齋夜話

東坡謫黄州居于定惠院之東雜花滿山而獨海棠一

株上人不知貴東坡為作長篇平生喜為人寫人間刻石者自有五六本云吾平生最得意詩也古今詩話

韓持國雖剛果特立風節凜然而情致風流絶出時輩許昌崔象之侍郎舊第今為杜君章所有廳後小亭僅丈餘有海棠兩株持國每花開輒載酒日飲其下竟謝而去歲以為常至今故吏尚能言之石林詩話

少游在黄州飲於海棠橋橋南北多海棠有老書屋海棠叢閒少游醉卧宿於此明日題其柱曰喚起一聲人

悄衾暖夢寒霜曉瘴雨過海棠開春色又添多少社甕釀成微笑半破瘿瓢共舀覺顛倒急投牀醉鄉廣大人間小東坡愛之恨不得其腔當有知之者耳冷齋夜話

李丹大夫客都下一年無差遣乃授昌州議者以去家遠乃改授鄂州倅淵材聞之乃吐飯大步往謁李曰誰為大夫謀昌佳郡也柰何棄之李詢曰供給豐乎曰非也民訟簡乎曰非也曰然則何以知其佳淵材曰海棠無香昌州海棠獨香非佳郡乎聞者相傳以為笑云墨客

揮犀

前輩作花詩多用美女比其狀如曰若教解語應傾國任是無情也動人陳俗哉山谷作白蓮詩曰露濕何郎試湯餅日烘荀令炷鑪香乃用美丈夫比之若將出類而吾叔淵材作海棠詩又不然曰雨過温泉浴妃子露濃湯餅試何郎意尤工也

仁宗朝張冕學士賦蜀中海棠詩沈立取以載海棠記中云山木瓜開千顆顆水林檎發一攢攢注云大約木

瓜林檎花初開皆與海棠相類若晁言則江西人正謂棠梨花耳惟紫綿色者始謂之海棠按沈立記言其花五出初極紅如臙脂點點然及開則漸成纈暈至落則若宿粧淡粉審此則似木瓜林檎六花者非眞海棠明矣晏元獻云已定復搖春水色似紅如白海棠花然則元獻亦與張晁同意耶

閩中漕宇修貢堂下海棠極盛三面共二十四叢長條脩幹頃所未見每春著花眞錦繡段其間有如紫綿揉

色者亦有不如此者葢其種類不同不可一槩論也至其花落則皆若宿粧淡粉矣余三春對此觀之至熟大牽富沙多此官舍人家往往皆種之並是帚子海棠正與蜀中者相類斯可貴耳今江浙間别有一種柔枝長蔕顔色淺紅垂英向下如日蔫者謂之垂絲海棠全與此不相類葢强名耳

吾叔劉淵材曰平生死無恨所恨者五事耳人問其故淵材欲説歛目不言久之曰吾論不入時聽恐汝曹輕

易之問者力請乃答曰第一恨鰣魚多骨二恨金橘太酸三恨蓴菜性冷四恨海棠無香五恨曾子固不能詩聞者大笑淵材瞠目答曰諸子果輕易吾論也

王介甫梅詩云少陵爲爾牽詩興可是無心賦海棠杜默云倚風莫怨唐工部後裔誰知不解詩曾不若東坡柯丘海棠長篇冠古絶今雖不指名老杜而補亡之意葢使來世自曉也 苕溪詩話

東風嫋嫋泛崇光香霧霏霏月轉廊只恐夜深花睡去

更燒銀燭照紅粧先生常作大字如掌書此詩似是晚年筆劄與集本不同者嫋嫋作渺渺霏霏作空濛故墨跡舊藏秦少師伯陽後歸林右司子長今從墨蹟吳興沈氏註東坡詩

東坡謫居齊安時以文章游戲三昧齊安樂籍中李宜者色藝不下他妓他妓因燕席中有得詩曲者宜以語訥不能有所請人皆咎之坡將移臨汝於飲餞處宜哀鳴力請坡半酣笑謂之曰東坡居士文名久何事無言

及李宜恰似西川杜工部海棠雖好不吟詩詩話總龜

蜀潘炕有嬖妾解愁姓趙氏其母夢吞海棠花蘂而生頗有國色善為新聲外史檮杌

黎舉常云欲令梅聘海棠橙子臣櫻桃及以芥嫁筍但恨時不同然牡丹酴醾楊梅枇杷盡為執友雲仙散録

海棠花欲鮮而盛於冬至日早以糟水澆根下瑣碎録

李贊皇花木記以海為名者悉從海外來如海棠之類是也同前

海棠候花謝結子翦去來年花盛而無葉同前

真宗御製後苑雜花十題以海棠為首近臣唱和瑣碎後録

唐相賈耽著百花譜以海棠為花中神僊同前

重葉海棠曰花命婦又云多葉海棠曰花戚里牡丹榮辱志

每歲冬至前後正宜移掇窠子隨手使肥水澆以盦過麻屑糞土壅培根柢使之厚密纔到春暖則枝葉自然大發著花亦繁密矣長春備用

許昌薛能海棠詩敘蜀海棠有聞而詩無聞花木録

南海棠本性無異惟枝多屈曲數數有刺如杜梨花亦繁盛開稍早同前

海棠譜卷上

欽定四庫全書

海棠譜卷中

宋　陳思　撰

詩上

海棠　太宗

每至春園獨有名天然與染半紅深芳菲占得歌臺地妖豔誰憐向日臨莫道無情閒笑臉任從折戴上冠簪偏宜雨後看顏色幾處金杯為爾斟

海棠　真宗

春律行將半繁枝忽競芳霏霏含宿霧灼灼艷朝陽戲蝶棲輕蘂遊蜂逐遠香物華留賦詠非獨務雕章

又　　真宗

翠萼凌晨綻清香逐處飄高低臨曲檻紅白間纖條潤比攢温玉繁如簇絳綃盡堪圖畫取名筆在僧繇

會僚屬賞海棠偶有題詠　　光宗

濃淡名花産蜀鄉半含風露浥新粧嬌嬈不減舊時態誰與丹青為發揚

觀海棠有成　　光宗

東風用意施顔色艷麗偏宜著雨時朝詠暮吟看不足羡他逸蝶宿深枝

海棠詩并序　　唐薛能

蜀海棠有聞而詩無聞杜工部子美於斯有之矣得非興象不出殁而有懷何天之厚余獲此遺遇僅不敢讓用當其無因賦五言一章二十句學陳梁之紫妍漢魏之朱不以彼物擇其功不以陳言踵其趣或其人之適

此有若韓宣子者風雅盡在蜀矣吾其庶幾又花植於府之古營因刻貞石以遺吾黨將來君子業詩者苟未變於道無賦耳咸通七年十二月二十三日敘

酷烈復離披玄功莫我知青苔浮落處暮柳閒開時醉帶遊人插連陰彼叟移晨前清露濕晏後惡風吹香少傳何計妍多畫半遺島蘇連水脈庭綻雜松枝偶泛因沉硯閒飄欲亂碁遶山生玉壘和郡徧坤維負賞慙休飲牽吟分失饑明年應不見留此贈巴兒

又七言　　唐　薛能

四海應無蜀海棠一時開處一城香晴來使府低臨檻雨後人家散出墻閒地細飄浮淨蘚短亭深綻隔垂楊從來看盡詩誰苦不及懽遊與畫將

海棠　　唐　鄭谷

春風用意匀顏色銷得攜觴與賦詩濃麗最宜新著雨嬌嬈全在欲開時莫愁粉黛臨窓懶梁廣丹青點筆遲朝醉暮吟看不足羨他蝴蝶宿深枝

蜀中賞海棠　　唐　鄭谷

濃淡方春滿蜀鄉半隨風雨斷鶯腸浣花溪上空惆悵子美無情為發揚杜工部旅兩蜀詩集中無海棠之題

擢第後入蜀經羅利路見海棠盛開偶題　　唐　鄭谷

上國休誇紅杏艷沉溪自照緑苔磯一枝低帶流鶯睡數片狂和舞蝶飛堪恨路長移不得可無人與畫將歸手中已有新春桂多謝煙香更入衣

奉知真宗御製後苑雜花海棠四韻

晏殊

太液波才綠靈和絮未飄霞文光啓旦珠琲密封條積潤涵仙露濃英奪海綃九陽資造化天意屬喬繇

同和

劉筠

遲景烘初綻鮮風惜未飄蝶䰟迷密徑鶯語近新條芳蕙薰宮錦丹漿暈海綃帷時奉宸唱賡奉愧咎繇

海棠

晏殊

輕盈千結亂櫻㮼占得年芳近碧櫳逐處間匀高下蕚幾番分破淺深紅煙晴始覺香纓綻日暖猶疑蠟蔕融數夕朱欄未飄落再三珍重石尤風

又　　晏　殊

杳靄何驚目鮮妍欲蕩魂向人無限思當晝不勝繁浩露晴方浥遊蜂暖更暄只應春有意留贈子山園

又　　晏　殊

昔聞遊客話芳菲濯錦江頭幾萬枝縱使許昌詩筆健

可能終古絶妍辭

又　　晏殊

濯錦江頭樹移根蘗砌中只應春有意偏與半粧紅

和樞密侍郎因看海棠憶禁苑此花最盛　　晏殊

青瑣曽留眄珍䕺宛未移幸分霡雨潤猶見艷陽姿岸幘來朱檻攀條憶絳䕺能令人愛樹不獨召南詩

又　　郭成

朱欄明媚照横塘芳樹交加枕短墻傳得東君深意態染成西蜀好風光破紅枝上仍施粉繁翠陰中旋撲香應為無詩怨工部至今含露作啼粧

又　　石延年

君看海棠格羣花品詎同嬌嬈情自富蕭散艷非窮舊轂斑吳苑梅羅碎蜀宫錦窠杯裏影繡段障前烘心亂香無數莖柔動滿叢意分巫峽雨腰細漢臺風盛若霞藏日鮮於血灑空高低千點赤深淺半開紅粧指朱纔

布膏唇檀更融色焦無可壓體瘦不成豐枝重輕浮外苞踈密閙中難勝蜂不定易入蝶能通

蜀地海棠繁媚有思加腻榦豐條蒨弱可愛北方所未見諸公作詩流播西人予素好玩不能自黙然所道皆在前人陳迹中如國風申章亦無媿云

宋祁

蜀國天餘煦珍葩地所宜濃芳不隱葉併艷欲然枝襞影分羣蕚均霞點萬蕤回文錦成後夾煎燎烘時蜂蘂

迎銜密鶯梢向坐危淺深雙絶態啼笑兩姸姿綷節排煙竦丹釭落帶垂童容鄣畏薄便面到憂遲媚日能徐照暄風肯遽吹（蜀少疾風故花愈盛）惜歡當晚晚留恨付離披麗極都無比繁多僅自持損香饒麝栢照影欠瑶池畫要精倂色歌須巧驕辭舉樽頻語客細摘玩芳期

和晏尚書海棠　宋　祁

媚柯攢仄倚春暉封植寧同北枳移（花自西蜀流種而穠麗不變）台嶺分霞爭抱萼蜀宮裁錦鬭纏枝不憂輕露蒙時潤正

恨炎風獵處危把酒凭欄堪併賞莫容私恨為披離

海棠　　宋　祁

西域流根遠中都屬賞偏初無可並色竟不許勝姸薄暝霞烘爛平明露濯鮮長衾繡作地密帳錦為天吴人語轡覆為帳天淺影才欹檻柯横欲照筵愁心隨落處醉眼著繁邊的的誇粧靚嗇嗇恃笑嫣何嘗見蘭媚要是掩櫻然豔足非他譽香輕且近傳所嗟名後出遺載楚臣篇

又　　宋　祁

萬萼霞乾照曙空向來心賞已多同未如此日家園樂數徧繁枝裦裦紅

暮春月内署書閣前海棠花盛開率爾七言八韻寄長卿諫議　張洎

去歲海棠花發日曾將詩句詠芳妍今來花發春依舊君已雄飛玉案前驟隔清塵樞要地獨攀紅蘂豔陽天踈枝高映銀臺月嫩葉低含綺閣煙花落花開懷勝賞春來春去感流年清辭早綴巴人唱妙翰猶緘蜀國牋

共仰壯圖方赫耳自嗟衰鬢轉皤然因憑鶯蝶傳消息莫忘蓬萊有病僊

海棠　　程琳

海外移根灼灼奇風情閒麗比應稀晶熒寶萼排珠琲旖旎芳叢簇繡帷繁極只愁隨暮雨飄多何計駐春暉浣花溪上年年意露濕煙霞拂客衣

海棠　　李定

青帝行春信自專精心知向海棠偏不需工部風騷力

猶占勾芒造化權倚檻半開紅朶密遶池初應翠枝連誰人與抜栽瓊苑看與花王鬬後先

海棠　　石揚休

化工裁剪用功專濯錦江頭價最偏酷愛幾思憑畫手難題渾覺挫詩權豔凝絳纈深深染樹認紅綃密密連因想當年武平一枝枝眷賜侍臣先

海棠　　范鎮

不知眞宰是誰專生得韶光此樹偏吟筆偶遺工部意

賦辭今職翰林權風飜翠幕晨香入霞照危墻夕影連
移植上園如得地芳名應在紫薇先
又　石揚休
開盡妖桃落盡梨淺紅深萼照華池都緣西蜀盤根遠
豈是東君屬意遲煙慘別容曛宿酒露凝啼臉失臙脂
須知賈相風流甚曾許神僊品格奇
和　李定
輕紅如杏素遮梨直似佳人照碧池已是化工教豔絶

莫嫌青帝與開遲煙滋綽約明雙臉雨借夭饒入四肢
西蜀有名須得地瓊林高壓百花奇

和燕龍圖海棠　楊諤

西漢欺盧橘東陽愛野棠許昌奇此遇子美欠先揚杜宇三春豔蠶叢一國香燕脂㸃亂雨生色麗斜陽富豔東君節暄妍白帝方錦樓祈水色玉壘換山光風格林檎細腰支郁李長天生笑容質時様舞衣裳少吐深深染全開淡淡粧煙媒護緑蔕風陣損朱房旋失因臨水

閒飄弗過墻佩亡愁殺甫簪脱即連姜蝶舞菱花照鶯啼罨畫堂僊如弄玉少墜似緑珠常不見還成悔相思幾欲狂春深濯錦水日晚浣沙方卧對移薰柙吟看近筆牀池清滿園倒鳥起一枝昂紫燕銜泥急黄蜂趁蜜忙化工眞用意銷得與攜觴

海棠　　　　高惟幾

故國庸岷外孤根楚苑中使梅休妬白僊杏已饒紅旋恐陽城破尋憂下蔡空幾時夢巫峽獨立怨春風

海棠　　高覿

錦里花中色最奇妖饒天賦本來稀綺霞忽照迷紅障縠露輕籠設翠幃繁朶有情粧媚景纖枝無力帶殘暉好將繡向羅裙上永作香閨楚楚衣

海棠　　淩景陽

名園封植幾經春露濕煙梢畫不眞多謝許昌傳雅什蜀都曾未識詩人

海棠　　張冕

海棠栽植徧塵寰未必成都欲詠難山木瓜開千顆顆水林檎發一攢攢大約木瓜林檎花初發皆與海棠相類但花稀而先葉耳惟山木瓜水林檎尤似山木瓜揚州有之楂木叢也初疑紅豆爭頭綴忽覺燕脂衆手丸西蜀僧家根撥小南荊官舍樹支寬高穿羣木無因蔽平倚危樓最好看十畝園林渾似火數方池面悉如丹錦袍萬丈仍連袂白傳珠被齋光更合歡楚詞風嫋細腰粧正罷楚宮露晞銅雀淚新乾晨曦遠借彤雲暖秋魄微侵甲帳寒會讌豈勞供幄幙採香應見費龍檀穠

嬈游女青絲髮般染妖姬白玉冠賓席半移隈茜綬使車多熱簇雕鞍層層排朶縈飛蝶密密交柯宿翠翰詩客早懃矜縷管畫工誰敢銜霜紈本期相伴千場醉可忍輕邀百卉殘川路尚移隨迅瀨蓄船猶折出長瀾飄零絳雪深盈尺收拾晴霞散結團時去獨應賢者識色空潛有達人覩譜爲僊子終須美花譜以海棠為神僊王禹偁海僊詩序實作寒梅況不酸寒梅事具序中五六年來離別恨春宵頻夢石臺盤荆王石臺盤在後園海棠林下至今存焉

西園海棠　　范純仁

丹葩翠葉競妖濃蜂蝶翩翩弄暖風濯雨正疑宮錦爛媚晴先奪曉霞紅芬菲劒外從來勝歎賞天涯為爾同却想鄉關足塵土只應能見畫圖中

英韶在前徒矜下里之曲風雅未喪豈繫擊轅之音不圖綴綺靡之辭抑將導敦厚之旨耳海棠雖盛於蜀人不甚貴因暇偶成五言百韻律詩一章四韻詩一章附于卷末知我者無哂焉

沈立

岷蜀地千里海棠花獨妍萬株佳麗國二月艷陽天叢萼勻如布脩莛巧似編彤雲輕點綴赤玉碎雕鐫瑟光輸瑩猩猩血借鮮淺深相向背踈密遞勾牽輕蒨重重染丹砂細細研蘂織金粟拱鬚嫩紫絲拳紅蠟隨英滴明璣著顆穿初埜爭裊娜翹幹共蹁躚絕代知無價生香不減箋分靈應桂苑鍾粹定星躔木帝經邦相花王入室賢祥飈加剪拂卿靄共陶甄真宰陰推轂勾芒

與著鞭不須憂薄命好為惜流年贊翼施生柄扶持照
嫗權主張韶令正調爕淑威宣和氣高低洽芳心次第
還金釵人十二珠履客三千雲雨迷巫峽風波怨洛川
娉婷宜住楚妖冶合居燕綉被通宵展華燈徹曙燃横
披前檻外半出假山巔暗羨遊蜂採偷輸蟻穴沿瘦嬿
蛛網織柔怯女蘿纏蓄恨憑誰訊無言只自憐文君酒
壚伴楊子草堂前品格生來別風流到老全繁中生悵
望衆裏見喧闐暄暖精神出晴明意態便鬬鬬鶯對語

兩兩燕高騫天上宜封殖人間偶佇延共櫻園別館與杏擁斜阡清暖簾爭卷黃昏幕尚褰低籠金轆轆高映畫鞦韆忽認梁園妓深疑閬苑仙怱怱來蕙圃遠遠別芝田羞隱暝濛霧輕如淡蕩煙乍逢開羽扇初喜下雲軿髣髴向星靨依稀帶翠鈿五銖衣宛轉七寶帳翩翻獨立俟霓節成行列彩旃因宜欹虎枕步好襯金蓮舞定休回袖粧濃不傅鉛蓋張松鬱鬱茵藉草芊芊馥郁蘭供夢扶疎柳伴眠軀輕彌綽約腰細更便嬛婭姹常

顯若幽柔自洒然侍兒羅白芷娌子列芳荃口口濃檀注腮腮薄粉塡解圍施葉幄買笑有榆錢旖旎環瑶席婆娑匝玳筵嬌依屏曲曲泣對露涓涓南陌輕埃蔽東郊夕照連幾時休縹緲從此識嬋娟是處遺簪珥誰家不管絃妬姬貪恐失戲稚惜何顛折閃搔頭褪攀摐約腕擅戴遮鬟上鳳裝壓髻鬢邊蟬汲引新懽聚消磨宿忿躅縱觀須倒載命宴必加籩翻曲教歌嫒更詞送酒船鄉心須暫解病眼當時痊迢遞來油壁從容住錦韉雅

宜交讓比穠興棣華聯不憤參朱槿寧甘混木綿酴醾潛夫色躑躅敢差肩素柰思投迹夭桃恥備員梧桐愧金井芍藥濫花磚併壓辛夷俗潛排寶馬薦天恩無久侍人寵莫長專布影交三徑敷榮遍一廛凝眸方韡韡迴首旋翩翩可忍驚飈挫胡煩急景煎珊瑚隨手碎絳雪繞枝旋拂漢霞初散當樓月自圓飄零隨蠛蠓散亂逐漪漣灼灼龜城外亭亭錦水邊抱愁應慘慼有淚即潺湲午影迷蝴蝶朝寒怨杜鵑物情元倚伏人意莫拘

孿擢秀高羣木稱珍極八埏未開獨脈脈憂落固悄悄

別著新文紀重尋舊譜箋共知紅艷好誰辨赤心堅實

事陪朱李根宜灌醴泉栽須鄰竹栢樹莫繞烏鳶恥託

膏腴茂當隨富貴遷爲多猶底滯因遠尚迍邅客思易

成亂心期未省愆畫思摩詰筆吟稱薛濤箋醉目休頻

送詩情豈易緣薛能誇麗句鄭谷賞佳篇止感芳姿美

那憐託地偏山經猶罕記方志未多傳巧詠憂才竭冥

搜得意湏遐陬寡真賞僻境忍輕捐抽秘慙非據探奇

敢讓先援毫敘名卉聊用放懷焉

又　　　　沈立

占斷香與色蜀花徒自開園林無即俗蜂蝶落仍來青帝若為意東風無限才古今吟不盡百韻愧空裁

海棠譜卷中

欽定四庫全書

海棠譜卷下

宋 陳思 撰

詩下

商山海棠　王元之

錦里名雖盛商山豔更繁別疑天與態不稱土生根淺著紅蘭染深於絳雪噴待開先釀酒怕落預呼魂香裛無勍敵花中是至尊桂須辭月窟桃合避仙源浮動冠頻側霓裳袖忽翻望夫臨水石窺客出墻垣贈別難饒

柳忘憂肯讓萱輕輕飛燕舞脈脈息嬀言蕙陋虚侵逕梨凡浪占園論心留蝶宿低面厭鶯喧不忝神仙品好事者作花品以此為神仙何辜造化恩自期裁御苑誰使擲山村綺季荒祠畔僊娥古洞門煙愁思舊夢雨泣怨新婚畫恐明妃恨移同卓氏奔祇教三月見不得四時存繡被堆籠勢燕脂浥淚痕貳車春未去應得伴芳樽

別堂後海棠　王元之

一堆紅雪媚青春惜別須教淚滿巾好在明年莫憔悴

校書兼是愛花人此花余去後是推官王校書移入

題錢塘縣羅江東手植海棠　王元之

江東遺跡在錢塘手植庭花滿縣香若使當年居顯位海棠今日是甘棠

寓居定慧院之東雜花滿山有海棠一株土人不知貴也　蘇軾

江城地瘴蕃草木只有名花苦幽獨嫣然一笑竹籬間桃李漫山總麄俗也知造物有深意故遣佳人在空谷

自然富貴出天姿不待金盤薦華屋朱唇得酒暈生臉翠袖卷紗紅映肉林深霧暗曉光遲日暖風輕春睡足雨中有淚亦悽愴月下無人更清淑先生食飽無一事散步逍遥自捫腹不問人家與僧舍柱杖敲門看脩竹忽逢絶艶照衰朽歎息無言揩病目陋邦何處得此花無乃好事移西蜀寸根千里不易到銜子飛來定鴻鵠天涯流落俱可念為飲一樽歌此曲明朝酒醒還獨來雪落紛紛那忍觸

海棠　　蘇軾

東風嫋嫋泛崇光香霧霏霏月轉廊只恐夜深花睡去
高燒銀燭照紅粧

遊海棠西山示趙彥成　　邵康節

東風吹雨過溪門白白朱朱亂遠村灘石已無回棹勢
岸楓猶出繫船痕時危不厭江山僻客好惟知笑語温
莫上南岡看春色海棠花下却銷魂

海棠　　韓持國

濯錦江頭千萬枝當來未解惜芳菲而今得向君家見

不怕春寒雨濕衣

在禁林時有懷荆南舊遊　元厚之

去年曾醉海棠叢聞說新枝發舊紅昨夜夢回花下飲

不知身在玉堂中

海棠　洪覺範

酒入香腮笑不知小粧初罷醉兒癡一株柳外墻頭見

却勝千叢著雨時

海棠　崔德符

渾是華清出浴初碧綃斜掩見紅膚便教桃李能言語要比嬌妍比得無

海棠并序　梅堯臣

道損司門前日過訪别且云計程二月到郡正看暗惡海棠頗見太守風味因為詩以送行并致珍重之意焉

蜀州海棠勝兩川使君欲賞意已猛春露洗開千萬株

燕脂點素攢細梗朝看不足夜秉燭何暇更尋桃與杏

青泥䤷栈將度時跨馬莫辭霜氣冷

海棠　　　　梅堯臣

江鷺入朱闌海棠繁錦條醉生燕玉頰瘦聚楚宫腰曾

不分香去尤宜著意描誰能共吹笛樹下想前朝予嘗於宋

宣獻宅見有畫明皇於海棠花下

卧吹鬛篥寧王吹笛黄幡綽拍者

又　　　　梅堯臣

要識吳同蜀須看綫海棠燕脂色欲滴紫蠟帶何長夜

雨偏宜著春風一任狂當時杜子美吟徧獨相忘

海棠　王安石

綠嬌隱約眉輕掃紅嫩妖嬈臉薄粧巧筆寫傳功未盡

清才吟詠興何長

移岳州去房陵道中見海棠　張芸叟

馬息山頭見海棠羣僊會處錦屏張天寒日晚行人絕

自落自開還自香

和何靖山人海棠　文與可

為愛香苞照地紅倚欄終日對芳叢夜深忽憶南枝好把酒更來明月中

晁二家有海棠去歲花開晁二呼杜卿家小娃歌舞花下痛飲今春花開復欲招客而杜已出守戲以詩調之　張文潛

頗疑蜂蝶過鄰家知是東墻去歲花駿馬無因迎小妾鴟夷何用强隨車

雨中對酒庭下海棠經雨不謝　陳　恕

巴陵二月客添衣草草杯盤恨醉遲燕子不禁連夜雨海棠猶待老人詩天翻地覆傷春色齒豁頭童祝聖時白竹籬前湖海濶茫茫身世兩堪悲

陪粹翁舉酒於君子亭亭下海棠方開

陳恕

世故驅人殊未央即從地主借繩牀春風浩浩吹游子暮雨霏霏濕海棠古國衣冠無態度隔簾花葉有輝光使君禮數能寛否酒味撩人我欲狂

和冬曦海棠　程振

花中名品異人重比甘棠芭嫩相思密紅深琥珀光好風傳馥郁凡卉愧芬芳爛漫雲成瑞葳蕤女有嬙生來先蜀國開處始朝陽賞即笙歌地題稱翰墨場煙霞容易散蜂蝶等閒忙誰是多情侶欄邊重舉觴

今朝秋氣蕭瑟不意海棠再開因書二絶期好事者和　程振

曾遂狂飈取意飛一時春色便依稀舊叢還有香心在

却被西風管領歸
露濕燕脂淚臉寒獨將幽恨倚欄干精神不比籬邊菊
莫把尋常醉眼看

雨中海棠　　程　振

玉脆紅輕不耐寒無端風雨苦相干曉來試卷珠簾看
簌簌飛香滿畫欄

惜海棠開晚　　程　振

今年春色可勝嗟二月山中未見花長憶去年今夜月

海棠花影到窻紗

海棠　　僧如壁

賣花擔上爭桃李頓使春工不直錢莫怪海棠不受折要令雲髻絶塵緣

江左謂海棠為川紅　　吴中復

靚粧濃淡蘂蒙茸髙下池臺細細風却恨韶華偏蜀土更無顔色似川紅尋香只恐三春暮把酒欣逢一笑同子美詩才猶閣筆至今寂寞錦城中

海棠　　劉子翬

幽姿淑態弄春晴梅借風流柳借輕種處静宜臨野水開時長是近清明幾經夜雨香猶在染盡燕脂畫不成詩老無心為題佛至今惆悵似含情

海棠　　郭震

又隨桃李一時榮不逐東風處處生疑是四方嫌不種教於蜀地獨垂名

海棠

西蜀傳芳日東君著意時鮮葩猩薦血紫萼蠟融脂絳

闕疑流落瓊欄合護持無詩任工部今有省郎知

和東坡海棠　趙次公

露氣熏微帶曉光枝邊燦煥映回廊細看素臉元無玉

初點燕脂駐靚粧

和東坡定惠院海棠　趙次公

化工妙手閙羣木酷向海棠私意獨殊姿艷艷雜花裏

端覺神僊在流俗睡起燕脂懶未勻天然腻理還豐肉

繁華增麗態度遠婀娜含嬌風韻足豈唯婉孌彤管姝
眞同窈窕關雎淑未能奔往白玉樓要當貯以黄金屋
顧雖風煖欲黄昏脉脉難禁倚脩竹可憐俗眼不知貴
空把容光照山谷此花本出西南地李杜無詩恨遺蜀
高才没世孰彫龍後輩補亡難刻鵠貂裘季子客齊安
相逢忽慰羈人目當年甫白君可繼為花重賦陽春曲
把酒因澆礨磈胷搜句輒傾空洞腹多情恐作深雲收
兒童莫信來輕觸

海棠　　吳　芾

海棠元自有天香底事時人故謗傷不信請來花下坐惱人鼻觀不尋常

和澤民求海棠　　吳　芾

君是詩中老作家笑將麗句換名花花因詩去情非淺詩為花來語更嘉須好栽培承雨露莫令憔悴困塵沙他年爛漫如西蜀我欲從君看綺霞

見市上有賣海棠者悵然有感

連年蹤跡滯江鄉長憶吾廬萬海棠想得春來增艷麗
無因歸去賞芬芳偶然擔上逢人賣猶記樽前為爾狂
何日故園修舊好牓燒銀燭照紅粧

和陳子良海棠四首　吳芾

春來人物盡熙熙紅紫無情亦滿枝正引衰翁詩思動
舉頭那更得君詩
花開春色麗晴空惱我狂來只遶叢試問妖嬈誰與比
一株勝却萬株紅

雨後花頭頓覺肥細看還是舊風姿坐餘自有香芬馥不許凡人取次知

十年栽種滿園花無似茲花艷麗多已是譜中推第一不須還更問如何

寄朝宗　　　　吳芾

海棠已試十分粧細看妖嬈更異常不得與君同勝賞空燒銀燭照紅光

所思亭海棠初開折贈兩使者　張栻

未須比擬紅深淺更莫平章香有無過雨夕陽樓上看千花容有此膚腴

東風著物本無私紅入花梢特地奇想得霜臺春思滿一枝聊遣博新詩

黄海棠　　洪适

漢宫嬌半額雅淡稱花僊天與温柔態粧成取次妍

垂絲海棠　　洪适

脈脈似崔徽朝朝長看地誰能解倒懸扶起雲鬟墜

次韻陸務觀海棠　程大昌

喚回殘睡強矜持淺破朱脣倚笛吹千古妖妍磨不盡長隨春色上花枝

題苦竹寺海棠洞　王之道

翠袖朱唇一笑開倚風無力競相偎陽城豈是僧家物端恐齋奴步障來

海棠　陸游

誰道名花獨故宫謂故蜀燕王宫東城盛麗足爭雄橫陳錦幛

闌干外盡吸紅雲酒醆中貪看不辭持夜燭倚狂直欲擅春風拾遺舊詠悲零落瘦損腰圍擬未工老杜不應無海棠詩意其失傳爾

又　陸游

十里迢迢望碧雞一城晴雨不曾齊今朝未得平安報便恐飛紅已作泥

又　陸游

蜀地名花擅古今一枝氣可壓千林譏彈更到無香處

常恨人言太刻深

張園觀海棠　陸游

朝陽照城樓春容極明媚走馬蜀錦園名花動人意嚴粧漢宮曉一笑初破睡定知夜宴歡酒入妖骨醉低鬟羞不語困眼嬌欲閉雖艶無俗姿太息眞富貴結束吾方歸此别知幾歲黄昏廉纖雨千點裛紅淚

夜宴賞海棠醉書　陸游

便便癡腹本來寛不是天涯強作歡燕子歸來新社雨

海棠開後却春寒醉誇落紙詩千首歌費纏頭錦百端深院不聞傳夜漏忽驚蠟淚已堆盤

病中久止酒有懷成都海棠　陸游

碧雞坊裏海棠時彌月兼旬醉不知馬上難尋前夢境樽前誰記舊歌辭目窮落日橫千嶂腸斷春光把一枝說與故人應不信茶煙禪榻鬢成絲

春晴懷故園海棠　楊萬里

故園今日海棠開夢入江西錦繡堆萬物皆春人獨老

一年過社燕方回似青如白天濃淡欲隨還飛絮往來無那風光餘不得遣詩招入翠瓊杯

張子儀太守折送秋日海棠　楊萬里

新樣西風較劣些重陽還放海棠花春紅更把秋霜洗且道精神佳不佳

不渠不菊總無光秋色今年付海棠為底夜深花不睡翠紗袖上月和霜

海棠譜卷下

圖書在版編目（CIP）數据

花譜：宋人花譜九種 /（宋）歐陽修等著. — 北京：商務印書館，2019.1（2021. 6 重印）

ISBN 978-7-100-16265-4

Ⅰ. ①花… Ⅱ. ①歐… Ⅲ. ①花卉－觀賞園藝－中國－宋代 Ⅳ. ① S68

中國版本圖書館 CIP 數据核字（2018）第 136887 號

書籍設計　潘熖榮
內文制作　何延舟　陸海霞

花譜
宋人花譜九種
宋·歐陽修等 著

商 務 印 書 館 出 版
（北京王府井大街36號 郵政編碼100710）
商 務 印 書 館 發 行
南京愛德印刷有限公司印刷
ISBN 978-7-100-16265-4

2019年1月第1版　　開本 787×1092 1/32
2021年6月第2次印刷　　印張 20½

定價：189.00元